悪癖の科学

その隠れた効用をめぐる実験

リチャード・スティーヴンズ
藤井留美 訳

BLACK SHEEP by Richard Stephens

First published in the English language
by Hodder and Stoughton Limited

Japanese translation published by arrangement with
Hodder & Stoughton Limited, an imprint of Hachette UK Ltd.
through The English Agency (Japan) Ltd.

父と母、ベットとアラン、妻のマリア、そしてわが家のこれからを担うジェンナ、
ローレン、アビゲイルと、家族に加わったばかりのノアに、愛を込めてこの本を捧げる。

目次

〔　〕は訳者による註を示す。
*1 は著者による註で、章ごとに番号を振り、原註として巻末に付す。

はじめに

健康のために、酒もタバコもセックスもグルメもやめた男がいる。
どうなったかって？　あっというまに自殺したよ。
ジョニー・カーソン（コメディアン、作家、プロデューサー、俳優、ミュージシャン）

現代はまさに情報の時代。巷にはあらゆるデータやアドバイスがあふれかえっている。これを食べろ、あれを食べるな、これをやれ、あれをするな……。息つくまもなく情報が押しよせてくる。こうした情報がめざすところはただひとつ——安全で健康な人生を送るために、できるだけリスクを回避することだ。酒は控えろ、脂っこいものは食べるな、毎日身体を動かせ。

まるで、リスクは徹底して排除するべき悪玉だと言わんばかりだ。でもそんな人生、生きていておもしろいだろうか。登場人物がことごとく危険な状況を避けるような小説や映画、あなたは見たいですか？

人間が生きていることを実感するのは、リスクを選ぶときだ。できればわが身はある程度安全で、なおかつ最大の利益が得られるリスクが望ましい。リスクをいとわず行動する人は、無責任な悪いやつと見られることも多いが、そうした行為にも実は隠れた利益があり、その恩恵は本人だけでなく、もっと広い範囲におよんでいることがある。汚い言葉、性的妄想、危険運転、ストレス、死など、世間ではマイナスイメージで見られていることにも、隠された利点があるのではないか？　そんな疑問を科学の立場から探っていこうというのがこの本だ。

一九八〇年代はじめのこと。ひとりの教授があえてリスクを冒した結果、ありきたりの講演が前代未聞のものになった。舞台はアメリカ泌尿器科学会の年次総会だったから、「勃起不全の血管作動性療法」という演題はごくふつうだ。ただし、その道の権威である講演者はトレーニングウェア姿だったので、いぶかしく思った聴衆もいただろう。答えは、講演が佳境に入ったところで明らかになる。眼鏡をかけた初老の教授は、演壇の前に出てくると、トレーニングパンツの股のあたりをひっぱって身体に密着させたのだ。会場からは悲鳴があがり、聴衆はわが目を疑った。この行為によって、二つのことが判明した。ひとつは、教授がおのれの性器を実験台にしたということ。もうひとつは、研究が順調に進んでいるということだ……。

ところ変わって、ここはある大学。心理学科の学科長を務める教授が廊下を歩いていると、何やら騒がしい研究室がある。少し開いた扉から様子をうかがうと、学部生たちが卒業研究にいそしんでいた。学生たちは心理テストの質問を読みあげたり、キーボードをたたいたりと忙しく、仮説を検証するための音楽もにぎやかに流れていた。そのとき、扉からとんでもない言葉が漏れてきて教授はぎょっとした。明瞭かつ堂々とした発音で廊下にまで響いていたのは、学問の殿堂である大学におよそふさわしくない「ファック、ファック、ファック……」だった。

恥ずかしながら、これは私の研究室である。学生たちは、汚いののしり言葉の効用をたしかめる実験をしていたのだ。実験の結果、汚い言葉を口にすると、痛みへの耐性が高くなることがわかった。

ふたたび場面が変わり、あなたはいま車を運転している。お天気もよく、前後を走る車も少ない快適なドライブだ。ごきげんなあなたは、両手でハンドルを握っている？　もしかすると、片手をシフトレバーに置いていたり、ウィンドウをおろしてひじをのせたりしているかもしれない。片手運転はいただけないが、ニュージーランドにあるカンタベリー大学の心理学チームが実際に歩道橋からドライバーを観察したところ、ハンドルの持ちかたと事故を起こす危険性に相関関係があることがわかった。

これまで紹介してきた話は、悪い行ないとされていることに隠れた効用を見つける科学的な試みであると同時に、心理学の「いま」もあざやかに切りとっている。アメリカ心理学会が運営するデータベース、PsycINFO®には、本書を執筆している時点で三〇〇万件以上の心理学文献が収録されている。研究テーマは、社会的追放（いわゆる村八分）から、心の知能指数（ＥＱ）、音楽鑑賞、痛みの知覚、宗教、死と幅広く、人間のあらゆる経験が詰まっていると言ってもいいだろう。心理学の世界も、現実世界に負けず劣らず多様なのである。人間をめぐるありとあらゆる問題に答えを見いだそうとするのが心理学だから、セックスはもちろん、依存症や悪態もすべて研究テーマになる。人が性的魅力を感じる仕組みはどうなっているのか。アルコール依存症になる人とならない人がいるのはなぜか。汚い言葉を口にすることには、何か意味があるのか、などなど。どんな小さなことでも、人間への興味は心理学研究の対象となり、その成果は人間理解を深める一助となるのだ。

「悪い」行動にも隠れた効用があることを、心理学という科学の立場から解きあかしていくのがこの本のねらいだ。実験や研究を重ねて導きだされた結論は、どれも意外で興味ぶかい。この本を書くにあたって、私はできるだけ正確な記述を心がけたつもりだが、研究の一部だけ取りだすような場合は説明を簡略化したところもある。心理学という学問をより効果的に読者に説明し、理解してもらうためだ。またひとつのテーマについて、関係する研究論文を余さず調べつくしたというわけでもない。科学の世界では、ある研究でXが正しいという結論が出ても、追跡研究ではかならずしも同じ結論になるとはかぎらない。矛盾する結果が生じるのが科学というものであり、むろん心理学も例外ではない。この本でもそうした話題はいくつか取りあげている（たとえば第7章のチューインガムとストレスをめぐる研究）。とはいえ、科学研究のおもしろい話を伝えるのが最大の主旨なので、見落とした部分もあるかもしれない。この本に書いてあることは、頭から信じこまないほうがいいだろう。

政治、音楽、スポーツで話が盛りあがることはあっても、科学が話題になることはめったにない。それでも科学のおもしろさに光を当てて、親しみを持ってもらおうという試みは年々さかんになっている。テレビ番組では『怪しい伝説』『ダラ・オブライアンの科学クラブ』が人気を集めているし、「カフェ・シアンティフィーク」「スケプティクス・イン・ザ・パブ」といった街中イベントも盛況だ。科学というと、白衣姿でハイテク装置を操作したり、呪文のような数式を書きつけたりするイメージだが、それはあくまで見かけの話であり、科学の本質はもっとシンプルだ。疑問に思う現象があったら、実験を行なって真偽を正しく判断する――突きつめればそれだけのことだ。

そんな科学の本質を読者のみなさんが理解して、心理学についてもっと知りたいと思ってもらえたら幸いだ。この本はセックス、依存症、悪態、危険運転、落書き、チューインガム、ジエットコースターと話題満載だ。ロマンスあり、冒険あり、九死に一生の体験もあるし、思ってもみなかった研究結果も登場する。扉は開かれた。心理学の世界にようこそ！

リチャード・スティーヴンズ

二〇一五年二月

第1章
相手かまわず

Sleep around

一九八三年、アメリカ泌尿器科学会の年次総会はラスヴェガスで開催された。夕刻に行なわれたその日最後の講演は、このあとディナーが控えているとあって、聴衆はみんなディナージャケットやドレス姿だった。演題は「勃起不全の血管作動性療法」。キングズ・カレッジ・ロンドン精神医学研究所のG・S・ブリンドリー教授〔当時六〇歳〕が、ペニスに薬剤を直接注射する新しい治療法について話すことになっていた。この講演を聴いたトロント大学のローレンス・クロッツは、研究成果の発表がきわめて異例で、忘れられないものだったと回想している。[*1]

演壇に立ったブリンドリーは、妙にくだけた服装だった。そのことをいぶかしく思っていた聴衆も、すぐにスライドに目を奪われた。スクリーンには、さまざまな勃起状態のペニスがこれでもかと映しだされる。だが、ここで疑ってかかるのが健全な科学的思考というものだ。写真だけでは、治療法の有効性が立証されたことにならない。ブリンドリーもそう考えたようで、聴衆にこんな問いを投げかけた。

「正常な人間にとって、講演で話すことは性的刺激になりうるでしょうか？」

聴衆はいっせいに首を横に振った。それに気をよくしたのか、ブリンドリー教授は自らのペニスに薬を注射してきたと明かし、講演は前代未聞の展開を迎えることになる。

眼鏡をかけた初老の教授は、演壇から前に進みでたと思うと、はいていたトレーニングパンツの股の部分をうしろにひっぱった。聴衆はなんのことか飲みこめずにいた。これだけでは飽きたらないブリンドリーが次にとった行動は、勇敢なのか、それともただの愚行か。彼はトレーニングパンツと下着をおろし、実験結果をこれ以上ないくらい強く印象づけたのである。女性たちの悲鳴もおさまらないまま、パンツを足首にひっかけたブリンドリーは客席の最前列まで近づき、「腫脹（しゅちょう）の程度をじかに確認できる」機会を提供しようとした。しかし場内があまりに騒然としていたので、すんでのところで思いとどまった。ブリンドリーはトレーニングパンツをひっぱりあげ、演壇に戻ってそそくさと講演を締めくくった。だがこの夜のことは、歴史の一ページに記されてしまった。ジャイルズ・ブリンドリーは科学の多彩な領域で業績を積みあげてきたにもかかわらず、彼のウィキペディアを開くと、後にも先にも例のない珍妙な講演をした人物として記憶に留められている。

それにしても、なぜ聴衆はそこまでヒステリックな反応を見せたのだろう？　私たちの社会では、形はどうあれ性的行為は大っぴらにするものではないからだ。旧約聖書の創世記、三八章九～一〇節にもこんな記述がある。「オナンはその子孫が自分のものとならないのを知っていたので、兄に子孫を与えないように、兄嫁のところに入る度に子種を地面に流した。彼のしたことは主の意に反することであったので、彼もまた殺された」〔新共同訳〕

義姉を妊娠させまいとするオナンの行為から、自慰を意味するオナニーという言葉が生まれた。こうした記述から、自慰をはじめとする性行為を恥ずべきものと解釈する聖書の基本姿勢が読みとれる。

だが時は流れ、一九六〇年代にカウンターカルチャーの嵐が吹きあれてから、セックスに対する意識もかなりゆるやかになった。カウンターカルチャーは社会のあらゆる側面におよんだ。その結果新しい感覚の音楽が生まれ、ドラッグを娯楽で使用することも容認されるようになり、政治も先鋭化してフェミニズム、言論の自由、公民権が叫ばれるようになった。社会変革や反戦感情に共鳴する世論が生まれ、婚前交渉や同性愛を支持するセックス革命も起きた。二一世紀も最初の一〇年が過ぎた現在、セックスはすっかり文化の本流に入りこんでいるが、それでもあけすけに語るのはいまだにはばかられる。子どものころ親とテレビを見ていて、セックス場面が出てきたら、親も子もおたがい居心地の悪い思いをしたはずだ。分別ざかりのひとりの科学者が身をもって示したように、セックスがらみの話題や行動はその場の空気を凍らせる。

ブリンドリーの逸話は、科学といえども時代のタブーや政治と無縁でいられないことを教えてくれる。それでも、セックスを研究対象とするハードルは確実に下がっている。かつては違法とされた種類の性行為も容認されるようになり、セックスを科学として掘り下げようとする動きは高まりを見せている。

そのきっかけをつくったのは、生物学者アルフレッド・キンゼイが一九四〇年代に発表した一連の報告書だ。キンゼイ報告は、自慰やオーラルセックスなど、タブー視されていた性行為がアメリカ中流階級に広く浸透している実態を伝えて大反響を巻きおこした。一九六〇年代には、産婦人科医ウィリアム・H・マスターズと心理学者ヴァージニア・E・ジョンソンが、実験室で性行為をつぶさに観察し、測定するという画期的な研究を行なっている。

今日でも、被験者に性的な素材を見聞きさせたり、実際にセックスをしてもらったりして、反応を調べる研究がさかんに行なわれている。被験者はその最中に脳をスキャンされ、心理テストを受けたりするのだ。その結果、いろんな性行動の利点や欠点を科学的に把握できるようになってきた。セックスの主目的が子孫を増やすためなのはわかりきった話だが、性的にたかぶることには、それ以外にもたくさんの効用があるのだ（あまり役に立たない効用もあるが）。

ということで、簡単な問いから始めよう。セックスのとき、脳のなかで何が起こっているか知っていますか？

古い道具の新たな用途

スタンフォード大学の研究チームが知りたかったのは、性的興奮によって脳のどこが活発になるかということだ。[*2] それを突きとめるための実験は、若い男性被験者にエロティックな映像を見せて、そのときの脳をｆＭＲＩ（機能的磁気共鳴画像装置）で観察するという単刀直入なものだった。体内にある水素原子の磁気的状態を調べるのがＭＲＩだが、ｆＭＲＩはそれをさらに進歩させて、血中酸素濃度から細胞の活動の変化をとらえる。ｆＭＲＩは、さまざまな作業や活動をしているときの脳の様子を知ることができるのだ。

実験に使用したのは、カップルがフェラチオを含む性行為をしている場面だった。二分ほどの短い映像を数本見せるのと、九分の長い映像を一本見せるのとどちらが効果的かわからなかったので、両方試してみた。ただ心配は杞憂で、どちらでも映像を見ている時間は性的興奮状態がしっかり続いた。また比較のために、アメリカンフットボールと野球の試合の映像も見せた。

この実験では、映像への「生理学的関心度」、専門用語で言えば陰茎怒張を客観的に知るための独創的な工夫がなされた。血圧測定のときに腕に巻いてふくらませるカフを、被験者のペニスに装着したのだ。硬くなったペニスを研究者がそう呼ぶとか、アレを測定して数値化するとか、科学オタクにはたまらない話だ。ペニスが大きくなれば、「怒張度」も高くなるというわけで、この研究報告にあったグラフからわかるように、新しい映像が始まるたびに怒張度はぐんと高くなった。被験者は脳スキャン装置につながれているだけでなく、とりわけ興奮したときにボタンを押すよう指示されていた（グラフ中のAは性的に興奮したとき、Bは陰茎怒張したとき、Cは怒張が収束したときに押す）。生理学的関心度が高まった瞬間がこれでわかるようになっている。

では性的に興奮した脳では何が起こっているのだろう？ エロティックな映像で刺激を受けたのは、まず視覚をつかさどる領域だ。

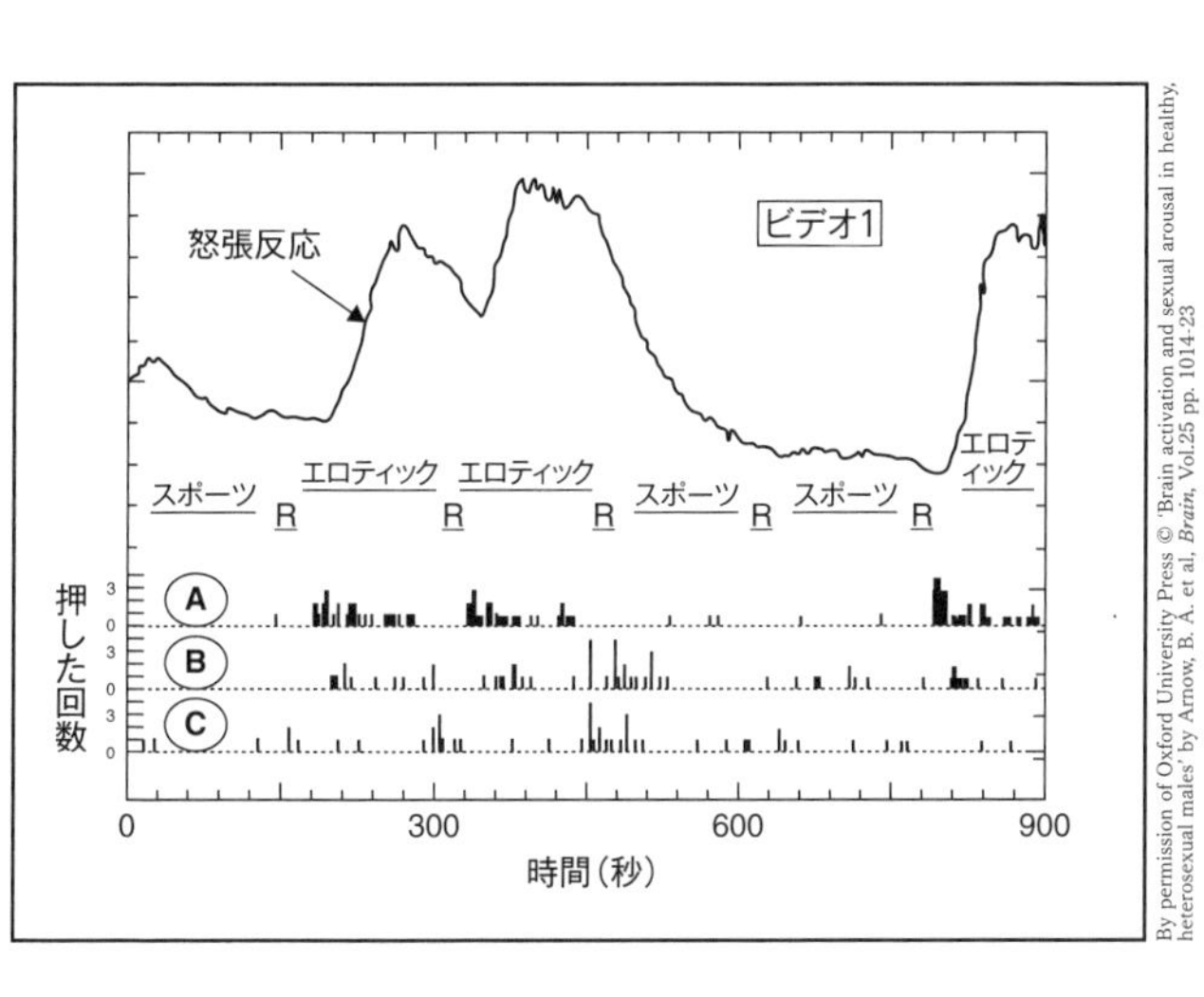

陰茎怒張実験

ほかには、周囲の特定部分に注意を向ける前帯状回、それに体温、空腹、渇き、疲労、睡眠を調節する視床下部、脳の報酬回路を構成する尾状核と島皮質も活発になっていた。おもしろいのは、尾状核と島皮質はスポーツ映像を見たときも同じように活動がさかんになっていたことだ。もちろん男性諸君がスポーツ観戦でその気になるということではなく、脳の報酬回路はさまざまな刺激で活発化することがわかっている。

尾状核はお金をもらえそうなとき、島皮質はコカインをやったときにそれぞれ活発になることが実験でわかっている。同じく報酬回路の一部になっているのが前帯状皮質と被殻だ。グラスゴー大学の研究チームは、サッカーファンに応援チームのさまざまな試合場面を見せて反応を調べる実験を行なった。[*3] すると惜しいところで得点できなかった場面とか、攻撃の組みたて場面ではなく、ゴールが決まった場面でこれらの部位が活発になっていることがわかった。このように報酬回路を活性化させる刺激は多種多様であり、そのなかにエロティック映像を見ることも含まれているとなると、性的興奮も報酬の一種と考えていいだろう。言いかえれば、セックスは楽しいのである。そんなことはみんなとっくに知っているが、これで科学のお墨つきももらえたわけだ。

作家のチャールズ・ブコウスキーは、セックスとは「歌いながら、ケツに死をぶち込むことなり」〔山西治男 訳『ブコウスキー・ノート』文遊社〕と表現しているが、エロティック映像を見て興奮するのと、誰かと実際にセックスをするのとでは天と地ほどの開きがある。性行為中の脳の状態は、性的興奮のときと同じだろうか。男女のちがいはどうだろう。あとで触れるが、セックスにおいて男性は視覚が、女性は触覚が優位になる。そうした疑問を解明しようと、オランダ、フローニンゲン大学の神経科学者チームがちょっと信じられない実験を行なった。セックス中の男女の脳をスキャンしたのである。[*4]

男の気持ちになる／女の気持ちになる

フローニンゲン大学の研究チームは、カップルに性行為をしてもらって、そのときの脳をPET（陽電子放射断層撮影装置）でスキャンした。被験者にトレーサーと呼ばれる放射性薬剤を注入し、脳の代謝や血流の変化を把握するものだ。脳内で血流が増えているところがあれば、そこがさかんに活動していることになる。

これは、スキャンされる側にとっておいしい実験だった。ゆったりとした椅子に腰をおろして目を閉じ、パートナーに性器（男性はペニス、女性はクリトリス）を刺激してもらえばいいからだ。刺激を与えるほうは、相手が性的に高まり、最終的にオーガズムに到達するまでがんばらねばならない。物理的な刺激以外の要素を排除するため、スキャン中は言葉のやりとりは禁止された。ふだんはありえない状況で、しかもいろいろ制約のある性行為だが、被験者たちはいつものセックスとほとんど変わらないという感想だった。そして脳スキャンの結果を見ると、性的興奮からオーガズムまでの男と女の脳の活動には、共通点もあれば相違点があることがわかった。

男女の脳のいちばん顕著なちがいは、プレ・オーガズムの段階で見られる。男性は右後部前障（ぜんしょう）と呼ばれるところが活発になっている。触覚と視覚のように、異なる感覚を統合する領域だ。男のセックスが女より視覚優位になるのはそのためだろう。これに対して、女の脳は左頭頂皮質後部の活動がめだつ。ここは感覚野と運動野、また前頭葉の運動皮質どうしを接続する重要な領域だ。こうした男女のちがいは、「ミラーニューロン理論」で説明できるかもしれない。筋肉の動きを制御する脳の領域が、実際に筋肉を動かさなくても、他人の動きを見ているだけで間接的に活発になるというものだ。パートナーに性器を刺激されているとき、女性の運動皮質が活発になるのは、女性のほうが他者の立場にわが身を置く能力が高いのだろう。パートナーの動きを自分のニューロンに映しだしているのだ。

ただしこの研究で私がいちばん興味を持ったのは、男女の相違点ではなくむしろ共通点だった。オーガズムの瞬間は、男女ともに眼窩前頭皮質（がんかぜんとう）の活動が停止する。ここは衝動抑制や食欲、自己監視や自己言及的思考に関わるところ。それが不活性化するのだから、衝動の抑えがきかず、食欲がなくなり（堪能感）、自分を客観視できないおめでたい精神状態になる。

男が見る世界と女が見る世界は、天と地ほどもちがっているようだ。同じ状況に置かれても、受けとめかたがまるで異なる。ジョン・グレイの本『男は火星人、女は金星人』〔邦題『ベスト・パートナーになるために』〕がベストセラーになるわけだ。[*5] 女であることがどういうことか、男は想像できるだろうか。男の脳や身体で生きるということを、女は理解できる？　それは無理な話だが、でも少なくとも、両者のちがいが最も薄まる瞬間はある。オーガズムの感じかたは男女でほとんど差がなく、婦人科の医師や心理学者といった専門家でも区別は難しい。オーガズムのときは、男女ともに脳の同じ領域が活動を停止しているからだ。オーガズム体験を共有できることは、セックスの隠れた効用かもしれない。その瞬間だけは、男と女が壁を取りはらい、距離を縮めることができる。

これは心理面の効用だが、寝室での行為には身体的にも「おトク」なことがある。

しかめっつらをしよう

ビューティーセラピストのエヴァ・フレイザーは表情筋エクササイズを推奨している。表情筋もほかの筋肉のように鍛えることで、しわが減り、ほおやまぶたのたるみがなくなり、あごの線がシャープになって、若々しく健康的な顔だちになるというのだが——ほんとうだろうか？　人気を成功の物差しだとすれば、まちがいなく答えはイエスだ。フレイザーが書いた『フェイシャル・ワークアウト』は二〇年以上も版を重ねるロングセラーだ。なかをのぞくと、まゆを上下させたり、歯をむきだしにしたりするエクササイズを一日一〇分続けるよう指導している。だが、毎日コツコツというのは私の性分ではない。顔の筋肉をもっと楽しく鍛えられる方法はないだろうか。

性行為中の顔の表情には、心理学者が昔から関心を寄せてきた。一九六〇年代に数多くの性行為を実際に観察したマスターズとジョンソンの先駆的研究によると、性感反応には四つの段階がある。性的興奮が徐々に高まる興奮期、オーガズム直前の高原期、オーガズム期、そしてオーガズムが過ぎて緊張がゆるみ、まわりの状況にふたたび適応する終息期だ。

性行為を観察していると、いやでも気づくのが被験者の激しい表情だ。高原期とオーガズム期がとくに顕著になる。性的絶頂を主観的に語らせると、調和とか恍惚といった言葉が飛びだすが、その最中の当人たちの表情はまるで正反対で、まゆをひそめ、つらそうに顔をしかめているのだ。

性行為中の表情に関しては、最近もマドリード自治大学の心理学者チームが研究している。[*6] 自分のオーガズムをセルフで撮影・投稿する動画サイトがあり（www.beautifulagony.com）、そこから一〇〇例を選んで、段階ごとの表情のちがいを観察したのである。すると高原期とオーガズム期の表情には共通点が多いことがわかった。目を閉じる（九二パーセント）、あごが下がる（七九パーセント）、まゆをひそめる（六四パーセント）、口を開ける（四五パーセント）などである。

こうした特徴の組みあわせはいろいろなので、実際の表情は個人差がある。ただ性行為中の表情、とりわけ目を強く閉じる、上唇を引きあげる、あごが下がるといった変化は、苦痛を受けているときと驚くほどよく似ている。快感の絶頂なのに、なぜ苦悶にゆがむ顔になるのだろう？

これについては二つの説がある。目を閉じて視覚情報を遮断することで、押しよせてくる強烈な感覚体験を乗りきろうとしているというのがひとつ。もうひとつは、顔の動きは不随意であり、筋肉の緊張と弛緩が繰りかえされているだけというもの。自分の意志と関係なく筋肉がけいれんした結果であり、満足したときに浮かぶほほえみなど、感情が込められた表情とはまったく別物だというのだ。どちらが正しいのか、まだ答えは出ていない。「さらなる研究が待たれる」といったところだ。

インターネットの普及で、オーガズムというきわめて個人的な瞬間の動画がアップロードされ、それを心理学者が閲覧し、分析する。性行為中の表情を、科学的な記録として収集できるようになったのだ。頂点に達したときのしかめっつらにどんな役割があるにせよ、表情筋にとってはこれ以上ないエクササイズだ。見境なくセックスしまくるのは不道徳な行為だが、表情筋を鍛えて若々しい顔でいられるというお得な面もある。

セックスが身体にもたらす効用はそれだけではない。マルキ・ド・サドとレオポルト・フォン・ザッハー＝マゾッホは、それぞれサディズム、マゾヒズムという性的嗜好をテーマにした小説を書き、自ら実践もしたが、セックスはそうした暗黒面も抱えている。彼らの書いたものを読むと、セックスと苦痛は結びついていることがうかがえるが、それはほんとうだろうか？実はそれを調べた研究もあり、性行為をしていると苦痛への耐性が高まることがわかっている。

甘美な痛み

ラトガーズ大学で、動物が分泌する「脳内麻薬」の可能性を探る研究が行なわれた。[*7] メスのラットの性器を刺激しながら痛みを与えると、鳴き声や尾を振るといった疼痛反応が少なくなった。それにしても、いったいどこからこんな研究を思いついたのか？　あいにく論文ではそのあたりが説明されていないが、痛みや苦しみを軽くしたいという研究動機は尊いものだから、あくまで善意から出発したことにしておこう。動物を使った研究で問題になるのは、被験者が言葉で説明できないことだ（当たり前だが）。そのため、性器への刺激自体が苦痛で、もうひとつの痛みどころではなかった可能性も排除できない。だとすれば、性器刺激がほんとうに痛みをやわらげるかどうかをたしかめる方法はひとつだけだ。

ラトガーズ大学の研究チームは、ラットの実験を人間でもやってみることにした。被験者は女性で、ねじ式の道具で指に圧力をかけて痛みを与える。中世ヨーロッパにあった拷問具の現代版といったところか。この実験で注目するのは、被験者が痛いと感じる圧力（痛覚閾値）と、痛みに耐えられる限界の圧力（耐痛閾値）だ。被験者はこうして指を締めつけられながら、美顔マッサージ器で自身の最も敏感なところを刺激する。

ここで告白するが、美顔マッサージ器がどんなものか知らなかった私は、グーグルで検索してみた。それは金属やプラスチックの細長い器具で、電池で振動させ、お肌に刺激を与えるものらしい。顔のしわを伸ばしたり、肌の張りや弾力を取りもどしたりするのが目的だが、これを使って恩恵を得られる場所は顔以外にもある。この実験での「刺激」の詳細については、プライバシーの観点から明らかにされていないが、場所は照明を暗くしたカーペット敷きの部屋だったという。また、被験者たちが実験にストレスを感じていなかったことも確認ずみだ。

実験の結果、マッサージ器で性器を刺激しているあいだは、痛覚閾値が四二パーセント、耐痛閾値が三〇パーセントも上昇することがわかった。ちなみに、ナイロンブラシで手の甲をなでて確認した触覚閾値は、性器刺激中も、比較のため刺激していなかったときも変化がなかった。二度目の実験では、オーガズムを誘引するねらいで刺激時間を伸ばした。実際に到達したのは四名で、絶頂の瞬間の痛覚閾値は一〇七パーセント、耐痛閾値は七五パーセントも上がっていた。触覚閾値はここでも変化なしだった。

人間もラットと同じ結果だったことがこれで判明した。性器をマッサージ器で刺激しているあいだ、被験者の女性たちは指をきつく締めつけられても痛みを感じにくかった。ナイロンブラシでなでられた感触はしっかり認識されているので、注意が散漫になったという説明は成りたたない。この研究論文では、性器刺激が痛みへの感受性を鈍らせた理由を二つ提示している。性器刺激の強い快感で、神経伝達物質のセロトニンとノルエピネフリンが分泌され、無痛覚状態が引きおこされたというのがひとつ。もうひとつの理由は、痛みの感受性低下は性的興奮ではなく出産と深い関係があるというものだ。セックス同様、出産時も性器は激しく弛緩と収縮を繰りかえすし、妊婦は痛覚閾値が高くなるという別の研究結果もある。どちらが正しいのか、現時点ではまだ判断できない。そうなると、どうしても男性にも目が向いてしまう。痛みの感受性低下が出産に関係あるのだとすれば、男性には起こらないはず。ぜひ男性でも同様の実験をやってもらいたい。

セックスで表情筋エクササイズができるし、痛みにも強くなれることがわかった。そのいっぽうで、セックスは身体的にかなり激しい行為なので、引きかえに何かを犠牲にすることがある。もちろん、いつもそうだというわけではないが。動物を使った研究で、そのあたりのこともわかってきた。セックスしたい一心で、おのれの身体的限界を超えてしまうこともある。ということで次はオーストラリアに飛び、恥ずかしがりなのに相手かまわずいたしてしまうイカにご対面だ。

セックス、セックス、またセックス

セックスは多大なエネルギーを消費するので、終わったあとは消耗し、疲労感を覚えるのも当然だ。メルボルン大学動物学科の研究チームは、タスマニアミミイカの生態をつぶさに観察してそのことを確かめた。[*8] タスマニアミミイカを水槽に入れ、円筒のなかで水流に逆らって泳がせる。泳ぎつかれると、円筒の底に張られた網で休息することができる。最初のうちは、棒で三回そっとつつくだけでイカはふたたび泳ぎはじめるが、疲れがたまると、いくらつついてもじっとしたままだ。そうなるまでの時間は平均一二〇秒だった。これでイカの行動を科学的に判断するシンプルかつ有効な基準が得られた。

次に本題の実験として、水槽にオスとメスを投入した。通常であれば三〇分以内に交尾が始まる。論文によると、イカの気が散らないように研究者たちはカーテンの陰から観察したという――タスマニアミミイカが恥ずかしがりだとは知らなかった！　交尾を終えた二匹は、ただちに流れに逆らって泳がされる。今度は疲弊するまでの時間が半分の六〇秒になった。セックスで体力を使いはたして、泳げなくなったのだ。セックスは体力をしぼりとるとよく言われるが、これで客観的・科学的な裏づけがとれたことになる。

このように、動物の行動を調べるといろんなことがわかる。ラットも交尾後は活動が停滞することがわかっているが、かならずというわけではない。実は、セックスによる消耗に打ちかつ効果的な方法がある――もっとセックスすることだ。その説明の前に、アメリカ合衆国大統領の話をしなくてはならない。

一九二三年から二九年まで大統領を務めたジョン・カルヴィン・クーリッジ・ジュニアは、空前の好景気に沸いた狂騒の二〇年代にアメリカの舵をとった。傑出した指導者としての評価はいまも揺るぎない。そんなクーリッジが、精神生物学の一現象にその名を残したことはあまり知られていない。

交尾するタスマニアミミイカ

クーリッジ大統領夫妻は、とある農場にたびたび姿を見せていた。ただし二人いっしょではない。それぞれ好きな場所があって、ちがう日に訪れては案内してもらっていたのだ。養鶏場にやってきた大統領夫人は、雄鶏がさかんに雌鶏にのしかかる姿を目の当たりにした。交尾が一日数十回にもなると知って驚いた夫人は、大統領が来たらその話をしてくれと冗談で頼んだ。そのことを聞いた大統領の切りかえしは、シンプルでありながら実に鋭かった。相手はいつも同じ雌鶏かとたずねたのだ。ちがうという答えに、大統領はこう言った——家内にその話をしてやってくれ。

さて、クーリッジ効果という言葉がある。もちろん合衆国第三〇代大統領にちなんで名づけられたわけだが、工業や経済に関するものではないし、優れた指導力の代名詞でもなく、実は性行動の一現象を表わす用語だ。交尾を繰りかえして消耗し、いままでのメスでは無反応になったオスでも、新しいメスの登場でがぜんよみがえるというものである。専門的に言うなら、相手が変わることで不応期（交尾終了後、ふたたび交尾可能になるまでの時間）が短縮されるということになる。この現象は、一九六〇年代にカリフォルニア大学の研究で確認された。*9

実験の詳細はこうだ。オスのラットを発情期のメスと交尾させ、不応期を測定する。不応期が三〇分になったところで性的に消耗したと見なし、一度メスを引きはなす。次にオスを二つのグループに分け、それぞれ新しいメス、さっきまで交尾していたメスとの組みあわせで、マウント行為と射精を観察した。(ラットの射精をどうやって確認するのか私には想像できないが、あいにく論文にその説明はない。)その結果、新しいメスをあてがわれたオスは、八六パーセントが射精に至ったのに対し、古いメスが相手だと三三パーセントしか射精しなかった。

この傾向はメスにも当てはまるようで、一九八〇年代半ばに行なわれた、メスのハムスターを使った実験でもクーリッジ効果が確認されている。[*10]

クーリッジ効果の研究は、年を追うごとに緻密になっている。二〇一二年に発表されたメキシコの研究チームの実験結果では、マウント行為と射精の回数に加えて、精子の数や勃起回数まで計測された。[*11] ラットには失礼な話だが、彼らのペニスは極小なので、勃起回数を測るのはそうとう難しかったはずだ。

なぜクーリッジ効果は起きるのか? その理由は、進化と種の存続の観点から考えればわかりやすい。交尾相手がたくさんいるほうが、それだけ妊娠・出産の可能性が高くなる。全部の卵をひとつのかごに入れてはいけないといういましめがあるが、クーリッジ効果もまた、自然が編みだしたリスク分散法なのだ。

セックスは体力を奪い、疲弊させるが、パートナーが替わればクーリッジ効果でふたたび元気いっぱいになれる。セックスによる疲労を解消するには、もっとセックスをすればいい!

別の研究チームの観察では、交尾後のラットがとてもリラックスしているように見えたという。ひょっとすると、セックスはストレス解消にもなる？

セックスでストレス対策

プリンストン大学でこんな実験が行われた。[*12] オスのラットに、発情期を迎えたメスのラットをあてがって二八日間交尾させたあと、ラットの不安度を「新奇環境による摂食抑制試験（NSFテスト）」で調べた。ラットにとっては不慣れな、明るくて広い空間でえさを食べさせるのだが、ラットの感じる不安が強いほど、食べおえるのに時間がかかるのだ。

一か月間毎日交尾していたオスは、比較的短時間でえさを食べた。いっぽう、発情期でないメスといっしょにされてプラトニックな関係を強いられたオスは、平均摂食時間が二倍近く長かった。毎日のセックスが不安をやわらげたものと思われる。

人間で行なった実験でも同様の結果が出た。ペイズリー大学のある心理学者が、成人男女の被験者に性的活動の日誌を二週間にわたってつけてもらい、その後人前でスピーチをするというストレス満載の課題を与えた。するとセックスをしていた人、とくに陰茎膣性交をしていた人は、そうでなかった人より血圧反応性が良く、ストレス度が低くなった。[*13] 習慣的なセックスがストレスを軽くしてくれることがこれでわかった。セックスというどこかうしろめたい行為にも、実はこんな効果があるのだ。

ここで紹介した研究には、「発情期」のメスのラットがよく登場する。動物の世界では、メスは発情しないと交尾できないことが多い。発情期とは要するに、月経周期のなかでいちばん妊娠しやすい時期のこと。もちろんヒトのメスにも月経周期があるので、発情期が存在する。男性は、女性の発情をどうやって察しているのか。そんな疑問がおもしろい研究の引き金になっている。

赤の魅力

赤は昔から支配者の色だった。イングランド・プレミアリーグに所属するリヴァプールFCのサポーターなら、そのことをよく知っている。このクラブのユニフォームはもともと上が赤、下が白だったが、一九六〇年代半ばに上下赤になった。それから二〇年間、リヴァプールはイングランドのみならずヨーロッパのフットボール界に君臨する王者となった。監督を務めていたビル・シャンクリーは当時こう語った。「……上下赤に変えて大正解だった。深紅のユニフォームは心理的効果も絶大で……燃えさかる炎のような輝きを放っていた」

たんなる言葉のあやではない。赤い色がスポーツで有利に働くことは科学的にもしっかり証明されている。ダラム大学の人類学者らが、二〇〇四年アテネオリンピックでおもしろい実験を行なった。レスリングやボクシングといった格闘技で、選手にそれぞれ赤と青のプロテクターを着けてもらい、成績を比較したのだ。[*14] わずかではあるが統計的に有意な結果が得られ、赤いプロテクターを装着した選手は勝率五五パーセント、青いプロテクターの選手は四五パーセントとなった。これはなぜか？

赤が成功と支配を導く理由としては、この色を性的魅力に結びつける説が有力だ。女性が赤い口紅を塗ったりするのは、妊娠できる状態であることを男性に示すためだという。赤い口紅は性器の色を連想させ、性的に受けいれ可能であるというしるしになるのだ。アカゲザルのメスの性器の写真をデジタル加工して赤色を濃くしたら、オスが凝視する時間が長くなったという実験結果もある。チャクマヒヒのオスも、赤みを強くしたメスの性器を見せられるとマスターベーションの回数が増えたという。

だが、動物実験の結果をそのまま人間に当てはめるのは危険だ。そこでケント大学の人類学者のチームは、人間でも同様の実験をやってみた。[*15] 若い男性を対象に、ペールピンク、ライトピンク、ダークピンク、レッドと色合いが異なる女性器のクローズアップ画像を見せて、反応を調べたのである。

被験者が赤い性器画像を好むようなら、赤の威力には性的な裏づけがあると言えるだろう。一歩まちがえれば「ゲスな」試みに陥りがちな実験だが、研究者たちは高い倫理意識と分別を持って行なったことをここでつけくわえておく。

実験に使用された画像は、www.vulvavelvet.org というウェブサイトに掲載されていたものだ。健康な成人女性の性器画像が数多く収録されているこのサイトは、女性たちがもっと自分の身体を認められるようにというねらいがある。そのなかから、できるだけ同じ角度から撮影され、指やおとなのオモチャ、ピアスなどよけいなものが写っておらず、最近の傾向を反映して剃毛ずみの性器を慎重に選定した。さらに画像を加工して小陰唇とクリトリスを消去し、膣の左下部分だけにした。サイト管理者に使用許諾を得たことは言うまでもない。

実験結果は、事前の予想を完全に裏切るものだった。赤みがちがう四種類の性器のうち、被験者はレッドに最低の評価を下したのだ。ピンク系の三種類では好みの差は見られず、被験者の性体験の多寡も影響しなかった。これはいったいどういうことだろう？　赤い色が強さや力を引きだすのは、性的なこととは無関係ということか。考えればそれもうなずける。人間は二足歩行だから、女性器は脚の付け根にしっかり隠れている。たとえセックスＯＫの状態でも、女性器をおいそれとむきだしにはできないし、男を惹きつける手段としていきなり性器を見せる女性もいない。

追いうちをかけるように、女性器の色に個人差はないという報告も出てきた。一九五七年から二〇〇七年までの『プレイボーイ』誌ヌードグラビアを分析した『ジャーナル・オブ・セックス・リサーチ』の論文がその根拠で、むしろ外陰部が赤くなっているのは月経だからではないかと指摘されている。月経中は妊娠の可能性が最も低くなるので、男が赤い外陰部を好むとは考えにくい。

それでも、昔から売春宿といえば赤いランプが目印だし、赤い口紅や赤いドレスの女性に男性が性的魅力を感じることは事実だ。セックスと赤のこうした強い結びつきは、どう説明すればいいだろう? 攻撃性とか、戦いのときに流れる血の色を連想させるからという説もある。赤いドレスの女性が「そそる」のは、生殖能力とか、女性器の色を直接連想させるのではなく、男性の競争心を間接的にあおるからだというのだ。

この章では、セックスの知られざる効用にいろいろ光を当ててきた。だがセックスや性的興奮が害をおよぼすこともある。よく聞くのが、女がセックスを武器にして男の判断を狂わせる話だ。「男はペニスで考える」などと揶揄(やゆ)されるゆえんだが、実はこれにも科学的な根拠がある。

男はそれを断れない

ドイツ、デュースブルク＝エッセン大学の心理学者チームが、アイオワ・ギャンブリング課題という有名な意思決定テストのセックス版を行なった研究がある。[*16] 被験者は若い男性ばかりだ。通常のアイオワ・ギャンブリング課題では、テーブルにはカードの山が四つ並んでいて、被験者は好きな山から一枚だけ引く。カードが当たりなら賞金がもらえて、はずれだと罰金をとられる。賞金の額は山によって異なるが、賞金が高い山ほど罰金も高い。被験者は何回もカードを引くうちに、得になりそうな山、損がかさみそうな山を学習して、最終的には賞金額が罰金額を上回る。

この研究でもやりかたは同じだが、ひとつだけちがうのはカードの絵柄面が写真になっていて、しかも男女の性行為場面の写真が混ざっていることだった。若い男性被験者たちはそれにまんまとひっかかり、多くの賞金を獲得できるカードよりも、エッチな写真のカードに手を伸ばした。試行錯誤を重ねて学習し、損失を減らそうとする意思決定のプロセスは、性的刺激の前にあっさり崩れた。こうなるのは男性だけで、女性は動じないと思われてきたが、最近の研究ではそうでもないことがわかってきた。

マーケティング科学の研究者チームが、ベルギーで行なった実験を紹介しよう。[*17] 大手衣料販売店のマーケティング調査という名目で、女性被験者に衣類の手ざわりや品質を評価してもらう。評価を終えたところで、被験者に一枚の紙が渡される。そこにはこう書かれており、被験者は〇〇のところに数字を記入する。

一週間後に〇〇ユーロもらうぐらいなら、いますぐ一五ユーロもらいたい。

〇〇には一五より大きい数字が入ることがほとんどだ。人は基本的に、将来の利益より目先の利益を選ぶからである。しかも性急に利益を求める人ほど、〇〇には高い金額を入れる。

だが衣類をさわることと、目先の利益に飛びつくことはどんな関係があるのだろう？　実は被験者が評価する衣類のなかには、男性用下着のボクサーショーツが入っていた。そしてボクサーショーツをさわった被験者が記入した金額は、Tシャツをさわった被験者より平均一ユーロ高いという結果が出た。さらに、〇〇ユーロもらえるのを一週間後から一か月後に設定を変えると、差は三ユーロにまで広がったのである。このちがいは金額としては小さいものの、統計的には有意だ。つまり女性も男性と同じく、性的刺激を受けると損得計算が働かなくなるのである。

この研究チームは、条件を変えて追跡実験も行なっている。今度は女性被験者がボクサーショーツを実際にさわるグループと、透明なアクリル板ごしにボクサーショーツを見るだけのグループに分かれた。比較のために男性被験者も加えたが、ただしさわったり見たりするのはボクサーショーツではなくブラジャーだ。そのあと被験者は高級ワインやチョコレートを見て、いくらまでなら出せるか答える。すると女性で高い金額を答えたのはボクサーショーツをさわったグループで、見ただけのグループと差がついた。ところが男性は、ブラジャーをさわったグループも、見ただけのグループも同じように高い金額をつけた。

男性のみならず女性でも、性的刺激が意志決定に影響をおよぼすことがこれでわかった。もうひとつ、男性の性的反応が視覚重視であることも確認できた。要するにこういうことだ——性的に興奮すると男も女も衝動的になり、その場では正しいように思えても、長い目で見ると不利な判断をしてしまう。

セックスは人の判断を曇らせる。それは実際にどんな影響をおよぼすだろう？　サウス・ダコタ大学の心理学者が、インターネットを使っておもしろい調査を実施した。*18 男女学生約七〇〇人に、走行中の車内でのセックス体験についてたずねたのだ。回答者の大多数はそうした行為に否定的だったが、女性よりも男性のほうが嫌悪感は少なかった。とはいえ実際にやったことがある人は意外と多く、男性の三三パーセント、女性の九パーセントが経験ありと答えた。いちばん多かったのはオーラルセックスで七八パーセント。女性の二九パーセント、男性の九パーセントが助手席から行為におよんだという。さらに性器をさわる（六七パーセント）、マスターベーション（一四パーセント）と続き、陰茎膣性交も一二パーセントあった。だがその最中に彼らが経験したことを知れば、まねをしたいとは思わないはずだ。

車線をはずれた、ハンドルから手が離れた、急加速して前の車や歩行者などに衝突しそうになった……これは車で走行中にセックスしていて、実際にあった「ヒヤリ」体験だ。車内の構造（！）が災いしてけがをした、通行人にまじまじと見られた、友人や家族に見つかった、警察に捕まったというものもある。性的興奮で判断力が鈍ると、生命まで危険にさらされるということだ。ボクサーショーツの実験と同じで、セックスに目がくらむと、事故で死んだり、けがをしたり、あるいは人に見つかって恥をかいたりすることに気がまわらなくなる。

気持ちの運動

この章では、セックスが持つ知られざる効能を、裏づけとなる研究とともに紹介してきた。

研究者が毎日こんな楽しい実験をしていることを、みなさん知っていただろうか。性的興奮は、ドラッグをやったときや、ひいきのサッカーチームがゴールを決めたときと同じように、脳の報酬回路を活発化させる。だから、セックスは楽しい活動だと認められてもいいはずだ。

さらにオーガズムの瞬間の脳は、男女でほとんど差がないこともわかった。異性の気持ちにいちばん近づけるのは、あのクライマックスのときなのだ。

セックスは効果的なフェイシャル・エクササイズになっていて、若々しい顔だちを保つのによい。そのうえ痛みや不安をやわらげる効能もある。体力は消耗するものの、新しいパートナーとセックスできるとなるとたちまち元気が回復する。

赤い色は闘争心をかきたてるのでスポーツのときに有利だが、それはセックスで説明できることではない。セックスは人の判断力を鈍らせ、ときに生命の危険にさらすこともある。

ハリウッドで活躍した往年のグラマー女優メイ・ウエストは、セックスは「気持ちの運動よ」とのたまった。言うまでもなく、セックスは人間の根源にかかわる大切なものだ。ブリンドリー教授の実演は少々行きすぎだったが、常識にとらわれず、人間の性的反応を客観的に探ろうとしたのは科学者としてあっぱれだった。科学者のそんな蛮行は、セックスの知られざる一面を明らかにし、私たちが自分自身を理解する一助になっている。論理的に仮説を組みたてたら、それを矛盾なく立証できるような実験方法をデザインし、実行する——ブリンドリーは科学研究の手順を粛々とこなしただけなのだ。科学の目でセックスの世界を見てまわったあとは、多くの人の心に迫るもうひとつの「悪癖」の扉を開いてみよう。

第2章
酒は飲め飲め

Drink up

もしウイスキーが、悪魔のこしらえた飲み物、災いの酒であり、血なまぐさい怪物が純潔を汚し、道理をしりぞけ、家庭を破壊し、困窮と貧困を招き、さらには幼子の口からパンを奪いとると言いたいのであれば……私はウイスキーに反対します。

しかしながら、もしウイスキーが、会話の潤滑油、悟りのワイン、気のおけない仲間が集まったときに飲みほすエールであり、心に歌を響かせ、唇を笑いでいろどり、瞳に満ちたりた光を宿らせると言いたいのなら……私はウイスキーに賛成しましょう。

あなたはどちらを支持する？　私は「心に歌を響かせ、唇を笑いでいろどる」派だ。自分が飲むのも、相手が飲むのも含めて、酒にまつわるさまざまな経験が私の人生に華を添えてきた。酒は思いきり笑ってはじける楽しい夜の象徴だ。しかし人によっては、酒の経験はまったく趣きが異なるかもしれない。冒頭の文章が物語るように、酒は二重人格なのだ。

この文章は、一九五二年にミシシッピ州のノア・S・スウェット・ジュニア判事が行なった演説の一部だ。ミシシッピ州は禁酒運動がさかんな土地で、州の禁酒法は一九〇七年から一九六六年まで半世紀以上存続した。合衆国政府の禁酒法が一九二〇年から一九三三年までだから、驚くべき長さである。一九五〇年代のミシシッピ州は禁酒法まっただなかだったが、違法な醸造や取引が横行し、闇市場では大量の酒が流通していて州政府を悩ませていた。世論を見ても、禁酒運動を支えるドライ派と、非合法で酒をつくって闇市場に流したり、その酒を買ったり飲んだりするウェット派は鋭く対立していた。

選挙運動や集会の場で酒の話題を持ちだせば、かならず聴衆が騒ぎだして収拾がつかなくなる。そこでスウェット判事が考えたのが、この「ウイスキー・スピーチ」だった。明確な意見を述べているようで、実はどちらの立場にも与(くみ)しない「相対主義者の虚偽」の典型例だ。ウイスキーを悪魔の飲み物と言ってみたり、そうかと思えば瞳の満ちたりた光と表現して、聴衆をけむに巻く。「これが私の立場であります。私はここから一歩も退くつもりはなく、妥協もしません」と締めくくれば、さらに効果的だ。

ウイスキー・スピーチは、政治的な立ちまわりのうまさだけでなく、アルコールや脱法薬物をめぐる昨今の二重思考も象徴している。その昔、遠いご先祖さまが熟れすぎて発酵した果実を食べて酔っぱらったときから、私たち人間はアルコールに手を伸ばしてきた。やがて人間が自分で酒をつくり、売買して、消費するようになっても、酒には好ましくない要素がつきまとっていて、昨今はどちらかといえば悪者扱いされている。だが本書はちがう。この章では、酒の隠れた効用を明らかにして、人間が酒とすっぱり縁を切れない理由を考察していきたい。アルコール依存症に対する考えかたの変化、アルコールが予防してくれる病気、創造活動や人間関係の促進剤としての役割を取りあげるが、それだけではない。酒には「ストップボタン」があるという話もしよう。

時代はアメリカ禁酒法の暗黒の日々に戻る。政府は国からアルコールを完全に締めだそうとしたわけだが、この試みは大成功とはいかなかった。シカゴギャングの大物アル・カポネと聖バレンタインデーの虐殺に代表される

映画『聖バレンタインの虐殺／マシンガン・シティ』
（ロジャー・コーマン監督、1967 年）の一場面

ように、酒の密造が組織犯罪の温床になったからだ。もし当時の政府が酒の医学的効用を知っていたら、禁酒法など制定しなかったにちがいない。

医者と禁酒法

医者のかばんには昔からアルコールがかならず入っていた。一九世紀後半には、心拍数と血圧を急速に上げる「気つけ薬」として患者にブランデーを飲ませていた。神経をしずめる効果もあることから、不眠症や、発熱時の呼吸困難に処方されることもあった。この興奮vs鎮静という正反対の作用が、アルコールの扱いを難しくしているゆえんであり、アルコールをめぐる二重思考の根拠でもある。

二〇世紀に入っても、医療現場ではアルコールは広く使われていた。そのため禁酒法を導入したい政府と、酒を薬として処方したい医師たちは利害が対立した。妥協策として、「医療用酒類」は適用外になったものの、処方量に制限があったり、許可が必要だったりと厳しい条件がついた。それでも問題は残った。当時のアメリカでは、どんな病気にもとりあえずビールを処方する習慣があったのだが、ビールは「医療用酒類」に含まれていなかったのだ。

医学界は政治の不当介入に腹を立てていた。医師は専門教育を受け、研鑽を積んできているのだから、患者に何を処方するのが最善かよくわかっている。ついに医師たちは「医療の権利同盟」という政党を結成し、医療用ビールの合法化をめざして選挙に候補者を立てるまでになった。[*1]そしてアメリカ医師会を説得し、治療目的でのアルコール使用の支持までとりつけたが、それでもビールの合法化という本来の目的は達成することができなかった。

酒が健康に良いとか、人を幸せにすると書くと、医学が確立する前のいかさま治療の時代に逆戻りするのかと思われそうだ。たしかに医療関係者のあいだでは、酒は「会話の潤滑油」ではなく「悪魔のこしらえた飲み物」という位置づけだ。だが実際のところ、酒にはたしかな効用があるし、弊害についても、ほんの数年前に定説だったことがその後の研究で揺らぎはじめている。そもそも「アルコール依存症」という名称自体、現在は使われなくなっているのだ。

アルコール依存症なんてない

アルコールや薬物の依存症は、脳内の化学変化で引きおこされるというのが世間一般の認識だ。生物学的なスイッチが一度入ってしまうと自分の意志ではやめられず、酒やクスリを求める衝動が抑えられない。ところが最近、「アルコール依存症」という病名が使われなくなったことをご存じだろうか。

精神医学の診断基準として世界的に権威があるのが、アメリカ精神医学会の『精神疾患の診断・統計マニュアル（DSM）』だ。DSMは一九八〇年に出版した第三版で、アルコール依存とアルコール濫用を「アルコール依存症」に統合した。[*2] 臨床医の主観的な見たてよりも、体系的な研究成果を優先しようという動きを反映したものだ。ちなみにアルコール依存症は、アルコール摂取をやめたり、コントロールすることができず、意図した以上に酒を飲んでしまったり、酒を飲んでいないときに手が震えるといった離脱症状が見られるときの診断名だ。アルコールへの耐性が高まり、酩酊状態に達するまでの酒量が増えていくのも特徴である。アルコール濫用は依存症ほど深刻でないときの診断名だが、それでも家族関係や仕事に重大な支障が出る。

ところが、二〇一三年五月に刊行されたDSM第五版からはこれらの言葉が消え、かわりに「アルコール使用障害」という新しい診断名が登場した。アルコールを渇望する、社会的な役割を果たせない、耐性や離脱症状が見られるなどの症状が一二か月以内に二〜一一項目見られることが診断の基準だ。満たす基準の数で軽度（二〜三項目）、中度（四〜五項目）、重度（六項目以上）と区別する。

このように診断名が変更になったのは[*3]、飲酒に問題があるとひと口に言っても程度がさまざまで、「濫用」なのか「依存」なのか、医療現場での判断が定まらないからだ[*4]。そこで程度が軽ければ濫用、重ければ依存という大雑把な区別ではなく、基準がいくつ該当するかで診断を下すことになった。

実際、酒で人生をだいなしにする人もいるくらいだから、アルコール使用障害が深刻な病気であることを否定するつもりはない。とは言うものの、アメリカ精神医学会はなぜアルコール依存症というわかりやすい名称をやめたのか？　依存症というものが、世間で思われているほど単純ではないことも理由のひとつだろう。依存対象がアルコールでなくヘロインでも同様だ。依存症の仕組みといえば、一九七〇年代、カナダにあるサイモン・フレーザー大学でブルース・K・アレクサンダーらが行なった「ラット・パーク」研究が有名だ[*5]。

ラット御殿

薬物依存の研究は、一九五〇～六〇年代に基礎ができあがった。ヘロインの原料となるモルヒネの水溶液とふつうの水をラットに与えると、ラットはモルヒネを選ぶことが実験で明らかになった。実験の環境条件が結果を左右した可能性について、当時は誰も指摘しなかったが、ほんとうならその点も考慮するべきだった。その理由は子どもでもよく知っている――ラットはペットとして飼うのにおあつらえむきの動物なのだ。

イギリス動物虐待防止協会（ＲＳＰＣＡ）のウェブサイトを見ると、ラットは知能が高く、社会性があり、触覚と嗅覚に優れた動物だと書かれている。手をかけて世話をすれば、人間にもよくなついて特別な結びつきが生まれるという。もともとラットは群れをつくって生活し、行動範囲が広く、好奇心が強いのに、研究室では狭苦しいケージでひとりぼっちにされることが多い。不快で不自然な環境に置かれたラットが水ではなくモルヒネを選ぶのは、強いストレスから逃れるためではないのか？　そんな疑問を抱いたのが、ブルース・アレクサンダーたちだった。

そこで彼らはふたのない大きな木箱を用意して、ラットのために贅のかぎりを尽くした御殿をこしらえた。底にたっぷりと敷いたおがくずは、糞尿の匂いを吸収してくれるし、ラットが掘りかえすこともできる。さらに木登り用のポールも立てた。名づけて「ラット・パーク」である。アレクサンダーたちは、ここに若いラットの集団を入れてのびのびと生活させた。比較のために用意した第二のラット集団は、いつものように小さなケージに一匹ずつ入れられた。ケージの壁は金属板になっていて、近くにいる仲間の様子を知ることはできない。どちらの集団にも水とモルヒネ水溶液を用意して、どちらが好まれるかを観察する。ただし、人間の薬物依存が進行する過程を再現するために、モルヒネの与えかたは少しずつ変えた。

最初は水とモルヒネ水溶液をどちらも飲めるようにしたところ、パークとケージどちらのラットも水を選んだ。次に、六週間にわたってモルヒネ水溶液のみを与える。ラットをクスリ漬けにするのだ。ただし途中の六日間は水も与える。このとき、ケージラットは迷わずモルヒネ水溶液を飲みつづけたが、パークラットは半数以上が水を飲んだ。さらに実験は続き、今度は一日おきに水だけ、モルヒネだけを与えた。ケージラットにより多くのモルヒネを摂取させるのがねらいだ。そして両方飲める日もつくったが、ケージラットはやはりモルヒネを選び、パークラットは今度は三分の二が水を選んだ。最後にラットたちは「クスリ断ち」をさせられ、水しか飲めない日が続いた。それでもふたたびモルヒネ水溶液を選べるようにすると、ケージラットはパークラットの二倍のモルヒネを飲みほしたのである。

この実験から、生活環境が薬物摂取に大いに関係することがわかった。ラットたちは全員クスリの常用者にされたが、水とモルヒネを選べる日でもモルヒネに走るのはケージラットだった。パークで集団生活を送っていたラットたちは、水があるときはあえてモルヒネに手を出さなかった。それはモルヒネが本来の活動パターンに合わないからだ。いっぽうケージラットは、狭いケージに一匹だけ押しこめられた段階で、すでに本来の活動パターンから大きくはずれている。モルヒネやヘロインを一度体内に入れてしまうと、不快な離脱症状から逃れるために摂取をやめられなくなるというのが従来の説だった。もしこれが正しいとすれば、パークラットもケージラットと同程度モルヒネを飲んでいたはずだが、実際はちがっていた。こうした実験結果を踏まえて、薬物依存への古い考えを改める必要があったが、そうなるまで長い時間を要した。

アレクサンダーたちのこの研究が終了したのは一九七〇年代だったが、成果を発表できる学術誌を見つけるのがひと苦労だった。しかも論文が掲載されて数年後には、彼の研究室は大学からの助成金が打ちきられてしまった。現在はサイモン・フレーザー大学名誉教授になっているブルース・アレクサンダーだが、薬物依存の公式的な（つまり生物学的な）見解にはいまだに異を唱えている。ヘロイン、アルコールといった物質の生物学的な特性が依存を引きおこすのだとすれば、ギャンブルやショッピング、インターネットへの依存はどう説明するのか？　セックス（第1章参照）、チョコレート、ランニングなどと同様、依存の背景にもドーパミンを放出する報酬回路の存在があるとアレクサンダーは考える。依存薬物は個人の意志ではやめられないというのも、薬物がらみの問題から逃れる都合のよい言い訳だという。実際のところ、若いときに薬物依存と判断された人の四分の三は、専門家の助けを借りることなく立ちなおり、その後はクスリとは無縁の生活を送っているというのだ。

なぜそんなことができるのか？　成熟して社会にしっかり根をおろし、生きる意味を見いだしたことで、薬物に手を出す必要性を感じなくなったのだ。クスリと手を切れない残り四分の一も、それぞれの生きかたや状況がそうさせるのであって、依存物質の生物学的な作用によるものではないとアレクサンダーは主張する。

こうした考えかたが、学界の本流にも少しずつ影響を与えてきているようだ。アレクサンダーの最新刊『グローバル化する依存症——精神の貧困に関する一研究（*The Globalization of Addiction: A Study in Poverty of the Spirit*）』は、二〇〇九年度のイギリス医師会推薦図書に選ばれた。またこの章の冒頭で触れたように、アメリカ精神医学会も『精神疾患の診断・統計マニュアル（DSM）』第五版で、アルコール依存症という診断名をやめている。これはアルコールへの依存よりも、むしろ飲酒が日常生活でさまざまな問題を引きおこすことに焦点を当てようという姿勢の表われだ。DSM第五版には、嗜癖性障害のひとつとして「ギャンブル障害」が初めて記載されている。依存症は特定の薬物や物質だけでなく、舞いあがるほど楽しい経験が習慣となって起こり、生活や人間関係に支障をきたすというアレクサンダーの言い分が採用された形だ。

ならば大いに飲もうではないか——酒を飲むことは、セックスやショッピングをしたり、チョコレートをつまんだりするのと同じぐらい楽しい。飲みすぎて問題になることもあるが、それは物質依存ではなく心理的なものだ。飲みすぎないためには自制心を鍛える必要があるが、そういうことは酒にかぎらず、人生にいくらでもある。適度に飲む酒には、科学的にも立証された効能がたくさんあるのだ。そんなすばらしい酒に乾杯。

あなたの健康

適度な飲酒が、心臓病と心臓発作のリスクを下げてくれることはよく知られている。酒を一滴も口にしない人から、相当量を飲む人まで飲酒の度合いでグループ分けして追跡調査すると、病気にかかるリスクは両極端のグループが高く、ほどほどに飲酒する人がいちばん低いという結果が得られる。

そんな調査のひとつとして、ユニヴァーシティ・カレッジ・ロンドンが行なった疫学調査「ホワイトホールII」を紹介しよう。[*6] 心臓病と酒量の関係を探るべく、ロンドン市の公務員一万人以上を対象に飲酒習慣を調べ、一四年間にわたって健康状態を追跡したものだ。一四年間ともなると、病気になったり、死亡したりする人も少なからず出てくるが、そのたびに医療記録や勤務状況を調べて、具体的な病気や死因を突きとめた。

ホワイトホールIIによると、心臓病で死亡する人の割合は酒量が極端に少ない、あるいは多いグループほど高く、真ん中の人ほど低かった。イギリスでは、純アルコール八グラム（一〇ミリリットル）が飲酒の基準単位になっている。週に三一単位以上、つまりアルコール度数五パーセントのビールなら一〇パイント〔約五・七リットル〕以上飲むグループと、まったく酒を飲まないグループは、週に三一単位未満のグループにくらべて心臓病で死ぬリスクが二倍だった。飲酒頻度も調べたところ、毎日から週に一回のグループが心臓病リスクがいちばん低かった。頻度がそれ以上でもそれ以下でも、リスクは二倍になる。スペインで行なわれた同様の疫学調査でも[*7]、一日に一～二単位と適度なアルコールを摂取するグループは、うつ病のリスクが約四〇パーセント低かった。

あなたが適量の酒を飲む人なら、これは良い知らせだろう。酒を飲むことは楽しいし、そのうえ健康にも良いのだから。だがこうした研究結果の信頼性については、いまもさかんに議論されている。懸念されているのは、アルコール摂取と心臓病の関係が正しく検証できているのかという点だ。この種の調査は現実世界が舞台で、対象者の生活には複雑な要素がからみあっている。病気ひとつとっても、関係する要因がひとつとはかぎらない。こうした調査から読みとれるのは、相関関係があるかないかだ。一滴も酒を飲まないことと、病気のリスクがちょっとだけ高くなること──同時に存在する二つの事実の関係なのである。

二つの事実が同時に起きているからといって、両者に因果関係があるとはかぎらない。たんなる偶然のこともある。たとえば子どもの知能。子どもの知能は、脳が成長する一八歳ぐらいまで毎年高くなっていく。同時に身体も成長するので身長も毎年高くなる。この二つだけに相関関係を見いだしたら、背の高い子ほど知能も優れているという結論になる。だがこれは正しくない。なぜなら年齢という第三の変量があって、知能と身長のどちらにも関わっているからだ。

飲酒と病気の疫学調査では、適量飲酒者のほうが非飲酒者より健康面で有利だという結果が見られる。これに対して、適量飲酒者は一般に裕福で恵まれているからだという批判がある。疫学調査が実施された西欧社会では、適量の飲酒はごく当たり前のことであり、生活習慣にとけこんでいる。酒を飲まない人は、飲まないことをあえて選んだ少数派と言ってもいいだろう。その理由はわからないが、健康問題が背景にあることも考えられる。だとすれば、非飲酒者の発病リスクが高くなる真の原因は、そこにあるのではないだろうか。

ホワイトホールⅡやスペインの調査は、もちろん年齢、喫煙、肥満といった要因も考慮している。ただそれでも、調査の参加者、ひいては社会全体の偏りに適切に対応しきれていないのではという疑念はぬぐいきれない。こうした調査を設計するうえでよく引きあいに出されるのが、ランダム化比較試験というテクニックだ。これは、私たちがアンケートに回答するときのように、酒を飲むか飲まないか、何を飲むかといったことを参加者自身が申告するのではなく、参加者を飲酒グループ、非飲酒グループに無作為に振りわけて追跡していく。この方法なら、健康問題のように結果を左右しそうな理由を排除できるので、酒を飲む・飲まないが病気（心臓発作など）に直接影響していることが確かめられる。

とはいうものの、ランダム化比較試験ではそもそも参加者が集まらない。酒飲みが非飲酒グループに入れられたら、何年も酒断ちをしなくてはならない。禁酒主義者も飲酒グループに入ることをよしとしないだろう。そんなわけで、飲酒が健康に好影響をおよぼすかどうかを調べる目的で、ランダム化比較試験が実施されたことは一度もない。

科学的に信頼できる「絶対的」な方法が使えないとなると、ホワイトホールⅡのような疫学調査の結果がどこまで正確なのか疑問がついてまわる。世界保健機関が最近出した報告書には、[*8]アルコール摂取による健康維持効果は、これまで考えられていたほど大きくはないし、効果が得られる量も少ないと書かれている。だが効果がまったくないと言っているわけではなく、適量のアルコールが健康に好ましい影響をおよぼすことははっきり認めている。

したがって研究で確認されている範囲では、心臓病やうつ病のリスクを下げるというのが酒の隠れた効用と言えるだろう。ランダム化比較試験を長期にわたって行なうことが不可能である以上、これが科学的な見解として妥当なところだ。前にも述べたように、疫学調査は現実の世界が舞台だ。この世界はいかがわしくて、むさくるしくて、思うようにならないことばかりだから、疫学調査もすっきりと割りきれない結果になるのは当然だ。ほんとうなら、実験室という厳密に条件を整えた環境で行なうほうが望ましいに決まっている。現実世界を遮断し、条件をできるだけそろえて、コントロールのきく状況をつくりだすのだ。そんな環境で実験を行ない、アルコールの効能を説得力のあるわかりやすい形で確認した興味ぶかい研究もある。

アイデア合戦

偉大な芸術家の仕事に、酒が深く関わっていることはよくある。作曲家ルートヴィヒ・ヴァン・ベートーヴェン、小説家F・スコット・フィッツジェラルド、画家ジャクソン・ポロックがそうだったし、イギリスの作家J・G・バラードは酒の力を借りて執筆していたことで知られていた。どこから着想を得るのかとたずねられたバラードは、謎めいたこんな答えを返している。「秘密なんてない。ボトルのコルク栓を抜いて、三分間待つだけ。あとは二〇〇〇年以上の歴史を持つスコットランドの職人芸がやってくれる」[*9] F・スコット・フィッツジェラルドからJ・G・バラードまで、ミュージシャンのジム・モリソンからエイミー・ワインハウスまで、芸術家は酒と切っても切れない関係にあった。酒は創造力を刺激すると言われるが、それには科学的な裏づけがあるのだろうか？

そんな疑問を抱いたのが、イリノイ大学の心理学者チームだ。[*10] 彼らはまず、創造性を測定するテストを考えだした。三つの単語（PEACH, ARM, TAR）のすべてにくっつく第四の単語を答えるというものだ。このテストは、実際に創造性を発揮するときの頭脳作業を再現するうまいやりかただと思う。

たとえば私が短編小説を書くとしよう。最初にひとつのアイデアが浮かぶ。「暗い嵐の夜だった……」だがあまりにも陳腐だ。そこでいったん脇にやって、別のことを考える。三単語テストも同じで、最初に思いつく答え（たとえばTREE）はたいてい不正解なので、それは一度忘れて別のものを探す必要がある。心理学で言う拡散的思考だ。論理的にものを考えるときは一定の方向に思考を進めていけばよいが、このテストのようなときは、いくつかの異なるアイデアを飛びうつりながら正解に迫っていく。さて、あなたは機敏に拡散的思考ができただろうか

―― PEACH, ARM, TAR のどの単語にくっついても成立するのはPITだ。

イリノイ大学の研究では、つきあい程度に酒をたしなむ男性グループに酒を飲んでもらった――ウォッカとクランベリージュースを混ぜたカクテルだ。体重が多い人ほど循環血液量が多いことを考慮して、血中アルコール濃度をそろえるために、ウォッカの量は被験者の体重によ

って差をつけた。平均的な体重の人が飲むカクテルには、ウォッカが八ショット入っていた。制限時間はあえて三〇分と短くして、アルコール濃度を急上昇させる。この実験ではもうひと工夫あって、被験者にはディズニーの長編アニメーション映画『レミーのおいしいレストラン』を見せる。一時間後、血中アルコール濃度が最高潮に達したところで映画鑑賞は終了し、いよいよ創造性を調べるテストに取りかかる。

ウォッカを飲んだグループの正答率は平均五八パーセント。酒を飲んでいない被験者グループは四二パーセントだった。飲酒グループは酔っぱらって注意が散漫になり、単語テストの途中で計算問題を解かせると、単語をすっかり忘れたりした。

些細なことのようだが、重要なのはここだ。アルコールの影響で、注意をコントロールしたり、集中させたりする能力が損なわれるわけだが、実はそれによって創造力が向上するのである。矛盾している？　たしかにそう言われてもしかたがない。注意をコントロールすることは、日常生活のほとんどすべての場面で求められる能力だ。飲酒や薬物使用でそれができなくなると、さまざまな問題が生じる。だが注意が過度に働いてしまうと、創造的な思考まで妨げられることがある。ひとつのアイデアにだけ注意が集中して、正解があるかもしれないほかのアイデアに飛びうつることができないのだ。

適量の飲酒で、注意のコントロールが少しばかりゆるみ、その結果創造的な思考が活発になる。酒こそが創作の源泉と信じて疑わなかったJ・G・バラードは、科学的に立証された方法を実践していたことになる。これはぜひ試してほしい。絵やジェスチャーを見て言葉を当てるゲームをするとき、ウイスキーをひと口あおって挑戦してみよう。正解を連発してライバルに差がつけられるかも。仕事や宿題でレポートを作成するときは、夕食にワインを一杯飲んだあとで下書きを読みなおすといい。しらふのときは思いつかなかった着眼点に気がついたり、新しいアイデアが浮かんだりするはずだ。あるいはJ・G・バラードの向こうを張ってみる？高級スコッチウイスキーを一杯流しこみ、着想があふれてくるのを待ってから、小説の筆をとるのだ。

ただ、そんな風にひとりで飲んで楽しいだろうか。本章冒頭で紹介したスウェット判事のウイスキー・スピーチの後半にあるように、酒は人が楽しくつどい、交流するためのまたとない潤滑油だ。この効用はあなたが思っている以上に大きな意味を持っている。酒こそが文明の礎だという説もあるほどだ。考古学者パトリック・マクガヴァンもそう考えるひとりだ。マクガヴァンは、人類はパンではなくビールをつくるために穀物栽培を始めたという大胆な仮説を立て、飲酒の歴史をたどるべく世界各地で証拠を探している。[*11]

動機はどうあれ、人類が始めた農業はしだいに組織化され、技術も進歩して生産量が増えていく。さらに工業化へと移行するにつれて、地縁・血縁が濃いムラ社会に暮らしていた人びとはあちこちに移りすむようになり、都市生活者へと姿を変えていった。都市は拡大を続け、いま私たちは無数のコミュニティのなかで肩を寄せあうようにして生活している。これだけ大勢の人間が至近距離で暮らすのは、あまりに不自然だ。それでもなんとかやっていけているのは、近代化への道のりをともに歩んできた酒があったからではないか。酒は人間の社会性を高めてくれるのかもしれない。それを裏づける科学的な証拠はないだろうか。

笑顔のキャッチボール

あなたが笑うと相手も笑いだし、あなたが怒ると相手も怒りはじめる。そんな経験はないだろうか。私たちは多かれ少なかれそんなことを繰りかえしている。他者の感情や気分を知らないうちに模倣することを、心理学用語で情動感染という。情動がまるでウイルスのように伝わることで、相手との距離が縮まり、一体感を得られるのだ。人づきあいの場面ではよくあることだが、なかには感情のコピーをこばむ者がいる。それは……男だ。

相手の感情を自分の気持ちに反映させたいというのは自然な衝動なのに、男はあえてそれを抑圧する。なぜなら、男らしさの概念、男たる者どうあるべきかという理想像が社会に深く根をおろしているからだ。男どうしの会話を聞いていると、競争と序列どりをえんえんとやっていて、親密さとか好意が示されることはほとんどない。

これと好対照なのが女の交友関係で、まず女は男より友人の数が多いし、社会的なネットワークの範囲も広い。話をしているときも、相手が必要としていることをすばやく察知して、力を貸そうとする。

そこでピッツバーグ大学の心理学者チームが、ひとつの仮説を立てた――アルコールの力を借りれば、男も相手の感情に伝染しやすくなるのではないか。[*12]仮説を確かめるために行なわれた実験は、ぜひとも参加したくなる楽しいものだった。被験者には報酬が支払われるうえに、ウォッカとクランベリージュースのカクテルを飲みながら、ほかの被験者とおしゃべりすればいいのだから(比較のために、ウォッカを数滴たらしただけのジュースを与えられた被験者もいた)。ただし実験する側にはまわりたくない。被験者の様子を撮影した動画は計三四九〇万フレームにもなったが、それをひとつずつ見て、いつ誰が笑顔になったか記録する作業が待っているからだ。とくに注目したのは、相手に笑顔を見せ、向こうも笑顔を返す場面だ。しらふの男性だけのグループに女性がひとり加わっただけで、笑顔がやりとりされる回数が九パーセント増えた。だが女性の魅力もウォッカの前では形無しだ。男性だけのグループが酒を飲みはじめたら、笑顔のキャッチボールは二一パーセントも増えたのである。

男も女も、無意識であれ笑顔のやりとりが続けば相手との結びつきを感じるようになる。明確な利益が得られるわけで、実行する価値のある行動だ。笑顔のキャッチボールをはじめ、情動伝染がほとんど見られない男性も、酒を飲むと気持ちがゆるんで感情を表に出すようになる。酒が社交べたを治す特効薬であることはよく知られているし、その効果は科学的にも確認されている。男のなかにひそむ女性的な部分が引きだされるわけではあるまいが、適量の飲酒で緊張がほぐれ、男どうしでも楽しく交流できるようになるのはまちがいない。さらに、酒は異性との関係も後押ししてくれる。ビール・ゴーグル効果という言葉を聞いたことはないだろうか。

イケてる俺さま

酒を飲むと異性がセクシーに見えてくる。いわゆる「ビール・ゴーグル効果」だ。昔から知られていたこの現象を、初めて科学的に記録したのがグラスゴー大学の心理学者チームだ。[*13]とはいえ彼らの研究を「科学的」と呼ぶのは、過大評価の感なきにしもあらずだ。研究者たちは大学内に何か所かあるバーに出向き、酔っぱらった学生たちに顔写真を見せて、一～七点の範囲で点数をつけてもらっただけ。ただそれでも、科学的調査の体裁はいちおう整っている。それで結果はというと、異性愛志向の適量飲酒者（アルコール摂取量が六単位まで）では、異性に対する評価が高くなった。酒を飲んでいる女性は、飲んでいない女性よりも男性の顔写真を魅力的だと評価したのだ。男女を入れかえても同様だった。相手に魅力を感じることは、関係を築く第一歩だろう。したがってこの調査結果もまた、酒が人間関係の促進剤であることを物語っている。酒が入ると社交的になるのは、相手がすてきに見えてくるからだということも、この調査からわかる。

ビール・ゴーグル効果は異性の見た目の印象を変えるだけで、もっと根本的な部分に働きかけたりしないのだろうか。そんな疑問に取りくんだのが、グルノーブル、オハイオ、アムステルダム、パリの研究者チームだ。*14 彼らが調べたのは、酒を飲んだ人が他者を魅力的に感じるかどうかではない。自分の魅力が増したと感じるかどうかだった。つまりこういうこと――お酒を飲むと、あなたはナルシシストになりますか？

研究者チームは、フランスのグルノーブルにあるバーで調査を開始した。バーの客たちに、自分がどのぐらい魅力的で、聡明で、個性にあふれ、楽しい人間だと思うかたずね、そのあとでアルコール検知器を使って血中アルコール濃度を測定した。結果はもう想像がつくと思うが、血中アルコール濃度が高い人ほど、自分はいかした人間だと高く評価していた。

酒瓶の底に答えは書いてないかもしれないが、たしかめてみて損はない――これまで紹介した研究から、酒は人間の注意力を鈍らせるが、それがかえって人づきあいには有益であることがわかった。適量の飲酒によって、自分自身も他人も魅力的に思えるし、とくに男性は相手との距離を縮めることができる。狭苦しい環境に息を詰まらせる現代人には、とてもありがたい効能だろう。実際、工業化が進んで都市部に人口が集中するのに合わせて、酒の消費量も増えている。酒を抜きにして都市生活は成りたつのだろうか？　心に歌を響かせ、唇を笑いでいろどる酒がなかったら、世の中は犯罪だらけになっていたのでは？

だが、そうはいっても酒は諸刃の剣だ。好ましい面もあれば、負の側面もある。悟りのワインも、ひとつまちがえれば災いの酒に転じる。酒が人づきあいの潤滑油になるのは、アルコールの作用で注意のコントロールがゆるむからだが、実はそれが問題なのだ。注意力が低下すると、自分の行動や発言が野ばなしになり、マナーとか、他者の意見や感情をかえりみなくなり、いつもなら考えられないようなことを言ったりやったりしてしまう。専門的に言うならば、社会的な脱抑制状態に陥るのだ。酒を飲むと気が大きくなるが、度を超すと尊大になり、自信過剰が鼻につくようになる。

酒はほどよく飲むのが難しい。飲みはじめたらなかなかやめられないのだ。だがありがたいことに、酒にはストップボタンというものがある。キングズリー・エイミスが一九五四年に発表した小説『ラッキー・ジム』を見てみよう。

ぼんやりとくすんだ頭がずきずきして、目の前の光景が脈を打つように揺れはじめた。酒という小さな夜の化け物は彼の口を便所がわりにしたあげく、そこにすみついた……つい視線を動かしてみた彼は、あまりの気持ち悪さに二度とやるまいと固く誓った。

翌朝の後悔

ウォッカとクランベリージュースのカクテルを飲みながら、ディズニー映画『レミーのおいしいレストラン』を見る実験（!）を前に紹介した。血中アルコール濃度が順調に高くなるなか、映画鑑賞は一時間におよぶ。冒頭から見るとすれば、シェフのリングイニが前夜ワインを飲みすぎて強烈な二日酔いになり、厨房でのたうちまわる場面までということになる。キングズリー・エイミスの描写そのままの苦しさだが、この映画では人間のリングイニと、小さなネズミのレミーが手を組むきっかけになって、いよいよストーリーが展開していく。

アルコールが血中に存在している酩酊状態とか、多量の飲酒を長年続けたときの健康への影響といった研究はかなり進んでいるが、それにくらべると二日酔いの研究はまだ歴史が浅い。

アルコール摂取の過程において、二日酔いはかなり突出した現象であるはずだが、まじめな研究テーマとして取りあげられてこなかったのだ。はたして二日酔いは何かの役に立っているのだろうか？　酒の飲みすぎを防ぐ抑止力になっているというのが一般的な説だろう。心理学用語で言うところの「相反過程」だ。つらく苦しい二日酔いは、アルコールの悪影響に必要以上に受けるのを防いでいることになる。

だが二日酔いの不快な症状をやわらげるために、さらに酒をあおることもある。いわゆる迎え酒だが、これには科学的な根拠がちゃんとあって、一九九〇年代後半にスウェーデンの研究者チームが行なった実験で確認された。[*15] 被験者は病院職員で、白ワインかビールを選んでたくさん飲んでもらったあと、数度にわたって尿のメタノール濃度を測定した。メタノール濃度は翌朝いちばんの尿がいちばん高く、頭痛や吐き気といった二日酔いの症状もいちばん重かった。

酒に少量含まれているメタノールは、二日酔いの一因だ。体内にとりこまれたメタノールが分解されて有害物質となり、吐き気や頭痛を引きおこす。ビール、ワイン、蒸留酒のアルコールはエタノールという物質で、エタノールとメタノールはどちらも同じアルコール脱水素酵素によって分解される。ただし順序はかならずエタノールが先だ。そのため、二日酔いのときに酒を飲んでエタノールを摂取すると、メタノールの分解と代謝が後回しになるので、不快な症状も起こりにくい。これが「迎え酒は二日酔いに効く」原理だ。

二日酔いは過度のアルコール摂取を抑制してくれる良き友なのか、それとも迎え酒でよけいにアルコールを体内に入れさせる敵なのか。これは重要な研究テーマだ。だが被験者が一度の実験で飲む酒は、健康への配慮からビール六本前後と上限が決まっている。これでは本格的な二日酔いを再現するのは難しい。そこでデンマークにあるオーフス大学の研究者チームは、斬新な実験方法を考えだした。[*16]

黒海沿岸にあるサニー・ビーチはブルガリアでも指折りのリゾート地だ。「陽気な人びとのための陽光あふれるリゾート」をうたい文句にして、毎年美しい砂浜を目当てに大勢の人が訪れる。ナイトライフもお楽しみのひとつで、パブ、バー、クラブ、カフェ、ディスコが数えきれないほど並び、滞在客は酒を飲みまくる。翌日になると夕べの威勢もどこへやら、みんなぐったりしていて、やたらとのどが渇くとか、胃がむかむかして何も食べられないとこぼす。典型的な二日酔いだ。

ある年の夏のバカンスシーズン、オーフス大学の研究チームは助手たちをこのサニー・ビーチに送りこんだ。彼らはリゾート地の夏を大いに満喫しつつも、一日一回、研究のための調査を行なうことが義務づけられた。早朝にホテルやプール、砂浜を歩いてデンマーク人の若いバカンス客を見つけだし、前夜のことを質問するのだ。夕べは何をしていたか、どんな酒を飲んだか、そしていま二日酔いになっているか。こうして一週間の休暇で来ている人を対象に、合計三回の聞きとり調査を行なった。酒を飲みつづけていると、二日酔いの様子も変わってくると思われたからだ。

研究チームが興味を持ったのは、飲んだ酒の量と二日酔いの程度の関係だ。二日酔いが飲酒の抑止力、つまり「相反過程」になっているとすれば、一週間のあいだに酒の消費量が減るか、二日酔いが重くなっていくはずだ。あるいはその両方かもしれない。太陽と海と砂浜に浮かれ、誰もが浴びるように酒を飲むリゾート地で、二日酔いの科学についてどんなことがわかっただろう？

調査対象者がひと晩に飲んだ酒は平均一七単位で、一週間を通じてさほど変わらなかった。ビールにすると約一〇本。これだけ飲めば、たいていの人は二日酔いになるだろう。もちろん適量飲酒の範囲をとっくに超えているし、こんな飲みかたを続けていたらまちがいなく健康を損なう。

いっぽう二日酔いのほうは、日がたつにつれて重症になっていった。もし「二日酔い慣れ」のようなことがあれば、感じかたはどんどん軽くなるはずだが、そうではなかった。これは二日酔いの相反過程説、つまりアルコールへの欲求を失わせ、身体を守るためという主張に有利な結果だ。

ただしあくまで有利というだけで、相反過程説が裏づけられたわけではない。二日酔いが過度の飲酒に対する有効な相反過程であることを証明するには、その後の飲酒量が減っていなくてはならない。あいにくサニー・ビーチの調査では、一週間を通して飲酒量は変わらなかった。だがミズーリ大学が日記アプリを使って行なった研究では、興味ぶかい結果が出ている。*[17] 被験者はいつ、どのぐらい酒を飲んだか日記アプリに記録していく。アプリにはアラーム機能もあって、翌朝起きたときに二日酔いの症状があったらそれも記録する。こうして三週間記録をとっていくと、それ以前の研究にはない新しい変量が出てきた。それは次に飲むまでの時間だ。二日記アプリは、二日酔いがその後の飲酒に与える影響を直接調べられる優れた手段だった。二日酔いがアルコールへの相反過程であるとすれば、二日酔いが重いと次に酒を飲むまでの時間が長くなるはずだ。

日記アプリの記録を分析すると、二日酔いは次の飲酒を六時間ほど遅らせることがわかった。だが研究チームはこの結果を鵜呑みにはしなかった。飲酒習慣、つまり週に何回、何曜日に飲むかということのほうが強い関連性を持っていたからだ。飲んだのが金曜日なら、次に飲むまでの時間は短くなるし、日曜日に飲めば、次の飲酒まで時間があく。

それでも、二日酔いのせいで次の飲酒までの時間が短くなることはなかったから、二日酔いが迎え酒をうながす可能性は排除してもよさそうだ。二日酔いの脅威を認識することが、実際の飲酒をどう左右するかという研究はまだ行なわれていない。翌朝の二日酔いがいやだから、ほどほどにするといったことはほんとうにあるのか。それに近い研究として、ニューヨーク州立大学医学部の学生と職員を対象にした調査がある。[*18] それによると、二日酔いを避けるために酒を控えめにしたことがあると答えた人は、全体の半数以上にもなった。だが言うとやるとは大ちがい。実際の飲酒行動まで踏みこんだ研究が待たれるところだ。

これまでの研究成果から、二日酔いが過度のアルコール摂取を食いとめるブレーキになっていることは、おおむね科学的な裏づけができていると言えそうだ。ただし前述したように、飲酒関連の他のテーマにくらべて、二日酔いの研究はとても少ない。

サニー・ビーチ調査では、ほかにもおもしろい所見が得られた。一般に女性の二日酔いは男性より重いと考えられているが、サニー・ビーチでは一見すると反対の結果になったのだ。ただこれには明白な理由があって、女性のほうが概して男性より酒量が少ないのである。アルコール摂取量が同じだった場合、二日酔いの程度に差は見られなかった。女性のほうが二日酔いがひどいという俗説は、男女の体格差から来ているのだろう。同じ量の酒を飲んでも、身体の小さい女性のほうが血中アルコール濃度は高くなる。

もうひとつ、年齢が高くなるほど二日酔いがひどいとも言われているが、あいにくこれも俗説だ。サニー・ビーチ調査では、年齢が高いほうが二日酔いは軽い傾向にあった（ただしこの調査はもともと若者が対象だから、年齢が高いといってもせいぜい二〇代後半だ）。デンマークで、一〇代から六〇歳以上の成人五万人以上を対象に行なった大規模調査でも、二日酔いに困っているのは若年層に多いことがわかっている。[19] 高年齢層は二日酔いの経験自体が減っていた。これは「年をとって賢く」なり、バカ飲みをしなくなったり、翌日に引きずらない飲みかたができるようになったからだろう。酒は賢く飲みなさいよという二日酔いの忠告を守れるようになったわけだ。

二日酔いは誰にでも同じように起きるわけではない。サニー・ビーチ調査でも、いくら飲んでも二日酔いにならない人がいた。二日酔いになってもおかしくないぐらい飲んだ人のうち、約三分の一は翌日も平気だったのである。この割合は、ほかの研究結果にくらべると少しばかり高い。ボストン大学の心理学者チームは二日酔いに関する過去の研究を洗いだして、どんな種類の酒を飲んでも二日酔いにならない人は全体の約二三パーセント存在すると結論づけた。[20] だが、二日酔いにならないことはあなたが思うほど幸運ではない。過度の飲酒にブレーキをかけるという、二日酔いの効用にあずかれないからだ。

私がこの本を書いた目的のひとつは、心理学の分野で研究者が解きあかした興味ぶかい事実や、定説をくつがえす発見を紹介したいということだ。サニー・ビーチ調査はその典型例と言えるだろう。研究者をビーチリゾートに送りこみ、酒の飲みすぎについてデータを集めるというのは、ちょっとうらやましいくらい単純で冴えたアイデアだ。調査結果もわかりやすく、日常生活にすぐ応用できるものだった。酒を飲む時間が長いほど、あとの二日酔いはひどくなる。だがそれは、次に飲むときはほどほどにしておけという忠告でもある。なかにはその忠告が響かない人もいる。若年者ほどその傾向があるが、年をとればしだいに落ちつく。そしてまったくの二日酔い知らずで、あの苦しさから学ぶ機会を持たない人も二三パーセントいる。彼らは幸運なのだろうか？　浴びるほど飲んでも翌朝ケロッとしているのだから、ある意味幸せだろう。けれども二日酔いの「相反過程」、つまり飲みすぎを抑制するブレーキが効かないわけで、アルコールの悪影響が蓄積すれば健康を損ねる恐れがある。

最後は酔いもさめるようなまじめな話で締めくくろう。

ラストオーダーのお時間です

天使か悪魔か。英雄か悪党か。酒は私たちの生活に深く入りこんでおり、良い面と悪い面を単純に書きだすのは難しい。科学や医療は正しいことを行なうのが前提なので、飲酒は良くないことであり、避けたほうがいいという慎重な姿勢になる。それでも酒の消費量はいっこうに減る気配はない。きっと私などがいちいち説明せずとも、酒の隠れた（明らかな？）効用はみんな知っているのだ。これまで科学は、酒をめぐる複雑な現象のとらえかたがかならずしも適切ではなかった。アルコール依存症という診断名がアルコール使用障害に切りかわったのも、問題となる飲酒行動に対して、これまでのような生物学的な側面ではなく、心理学的な観点から取りくもうという方向転換なのだ。

飲みかたはどうあれ、過度の飲酒が健康を損ねることはまちがいない。だがこの章で伝えたいのは、適度に飲む酒にはわかりやすい効用もたくさんあるということだ。心臓病やうつ病のリスクを下げてくれるし、集中しがちな注意をうまく散らして創造性を高め、人づきあいを円滑にしてくれる。二日酔いという飲みすぎ防止のためのストップボタンも用意されている。だから酒を大いに楽しもうではないか——ただし翌朝、気持ち悪い小さな化け物が口のなかにすみつかない程度に。

第3章
チョー気持ちいい

Damn good

二〇〇八年の北京オリンピック。女子ウィンドサーフィン種目は二七か国が出場した。最終のメダルレースでは、スタートでいきなりフライングする選手が出て、優勝候補の選手が海に転落しそうになる場面もあった。そんな波乱を乗りこえて、イギリスのブライオニー・ショー選手は過去最高の三位入賞を果たし、イギリスに初めての銅メダルをもたらした。海からあがったばかりのショーを、BBCテレビが待ちかまえていた。カメラの前に立ったショーは、いまのお気持ちは？とたずねられ、マイクを向けられた。人生で二度とない最高の瞬間に、ショーは天にものぼる心地だったにちがいない。その心境を何百万人という視聴者に確実に伝えようと、自分のなかに登録された言語表現を懸命に探した。そして叫んだのだ。「ファッキン・ハッピー！」と。プロデューサーが腰を抜かしたのは言うまでもない。[*1]

英語の「ファック・オフ」、フランス語の「メルド（くそったれ）」、ヒンディー語の「サーラ（義理の兄弟）」、アラビア語の「yil3an abu ommak（くそじじい）」……どんな文化にも、侮蔑的で、卑猥で、タブーとされている言語表現が存在する。英語では「四文字語」とも呼ばれる侮蔑語・卑猥語は、現代ならではの言語現象と思われているが、実は一〇〇〇年前から使われていた記録があり、その起源はなかなか興味ぶかい。[*2] たとえば、cunt（女性器）という単語が文字で初めて登場したのは一二三〇年ごろ。ロンドンのGropecuntlaneという通りの名前で、売春婦と客がよく歩いていたことから、そう呼ばれるようになった。一〇〇〇年ごろにお目見えしたarse（尻）とよく似ていたせいで、割りを食ったのはass（ロバ）だった。「あんたのところのロバは大したもんだ」という他意のない表現が、赤面としのび笑いを誘う意味深長な話になってしまうのだ。ロバを意味する単語として、新しくdonkeyが出てきたのも無理はないだろう。[*3]

侮蔑的なののしり言葉や悪態を口にするのは不快なことだし、見苦しいし、険悪な雰囲気になる。だがその反面、そういう言葉にちょっとした快感を覚えることもあるし、あえて口にするべき状況というのも存在する。そこでこの章では、ののしり言葉の科学を掘りさげて、その隠れた効用を考えていきたいと思う。ののしり言葉は強い感情を表現することができるし、説得や苦痛に耐える手段にもなれば、認知症を発見する手がかりにもなる。信じられないかもしれないが、礼儀正しくするうえで必要なことさえあるのだ。悪態といっても奥が深いのである。

それはいつなのか？

一九五〇年代後半、動物学者のチームがノルウェーの北極圏に調査におもむいた。目的は白夜のときの鳥の生態を観察することだ。だが調査は苦労の連続だった。岩山や崖で野鳥を捕まえて足環を装着するのも、寝泊まりするテントを張って食事を用意するのも、北極の過酷な気候のもとではなかなか思うようにいかない。男性五名、女性三名の調査隊員がいらだって悪態をつきまくるのを、同行していた心理学専攻の研修生が記録した。編み物で使うカウンターを色ちがいで用意して、それで数えていくローテクぶりだった。結果をまとめたレポートは、ののしり言葉を心理学者が体系的に調べた初の研究となった。[*4]

それによると、動物学者たちが悪態をつく状況には二種類あることがわかった。まず、みんながリラックスしてごきげんなときは、悪態を発する回数が目に見えて増えた。これは「社会的悪態」というもので、親しさや仲間意識の表現なので、相手がいるときしか出てこない。これに対して、ものごとがうまくいかず、軽いストレスを感じているとき（道に迷ったときなど）に口をつくのは「不快表現の悪態」で、数は少なく、誰もいないときでも言ってしまう。おもしろいのは、ストレスが強くなってくると（いつまでたっても道がわからないなど）、社会的悪態と不快表現の悪態がどちらも減ってくるということだ。悪態が研究対象になること自体ごく最近の話であり、時代を先取りしたという意味でも、これはなかなかおもしろい研究だ。ただし調査手法に問題がなかったわけではない。編目カウンターで計測する単純な手法を私は評価したが、カウンターの音が災いして、「カチカチ心理学者め！」と新たな悪口が生まれてしまったのだ。

それでも悪態には二種類あるという調査結果には充分な説得力がある。最近の研究ではそれを引きつぐ形でさらにくわしいことがわかってきた。それが、オーストラリアの言語学者チームが行なった書き言葉と話し言葉の分析だ。[*5] インターネット（SNSのマイスペースなど）、文章作品、公の場での自然発生的な発言、私的な会話からサンプルを集めて調べたところ、悪態には全部で四種類あることが確認された。

編目カウンター

1．社会的悪態——侮辱の意図はない

㊄I didn't know what the fuck I was wearing.（うわ、あたしってばひどい格好）

2．不快表現の悪態

㊄Oh shit I'm getting lost.（くそっ、道に迷っちまった）

3．侮蔑的悪態

㊄The people on night fills are arseholes.（夜勤の連中はアホばかりだな）

4．様式的悪態——発言にニュアンスをつける

㊄Welfare, my arsehole.（生活保護ってやつね）

科学的な分析によって、悪態を口にする状況はこのように四種類存在することがわかった（私としては、様式的悪態は社会的悪態に含めたいところだ）。あと習慣的悪態というのも追加できそうだ。最初は社会的な状況で発していたものが、本人のボキャブラリーに組みこまれ、大した理由がないのに連発してしまうというものだ。汚い言葉を意味もなく矢つぎばやに発することが多いゆえに、悪態は知性や言語表現力の欠如に結びつけられることが多いが、話はそれほど単純ではない。むしろ逆の可能性を示唆する研究結果もある。

それは誰なのか?

ランカスター大学の言語学者チームは、fuck およびその派生語(fucked, fucks, fucking, fucker など)がどう使われているかを性別や年齢層、社会集団ごとに調べてみた。[*6] 調査の拠りどころになったのが『ブリティッシュ・ナショナル・コーパス(BNC)』、つまり二〇世紀後半に英語で書かれたり、話されたりした言葉の一大コレクションである。書き言葉の出典は新聞、書籍、私信などで、話し言葉のほうはボランティアが記録した会話をサンプルとして収録した。

研究チームの説明によると、fuck を対象に選んだのは、英語で最も多彩で興味ぶかい単語だからだ。それはサンプルから拾える用法の多さからもうかがえる。

一般的な間投詞　Oh, fuck!(なんだよ!)
個人の侮辱　You fuck!(このドアホ!)
悪罵の間投詞　Fuck you!(この野郎!)
字義どおりの用法　He fucked her.(彼は彼女とヤッた)

強意　Fucking marvellos！（まじすげえ！）
代名詞的用法　Like fuck！（断じて……ない）
慣用句　Fuck all.（何も……ない）
決定的用法　Fuck off！（消えうせろ！）、などなど。

調査によると、男性がfuckとその派生語を口にする回数は女性の二倍で、男のほうが言葉づかいが悪いことが裏づけられた（ただし最近では男女差がほとんどないという調査結果もある）[*7]。年代別では、三五歳未満と三五歳以上で使用頻度に大きな開きが見られた。三五歳を過ぎると子どもが身近にいることが増えるため、言葉に気をつけるようになるのだろう。さらに話者の教育レベルでのちがいを調べるために、学業終了年齢でも区切ってみた。すると一七～一八歳で学業を終了した人は、一五～一六歳よりもfuckの使用頻度が八四パーセントも少なかった。一八歳以上も学業を継続した人は、一七～一八歳グループよりさらに六六パーセント頻度が落ちた。学校に行かなくなる年齢が低いほど、fuckをよく口にしていることになる。これは、悪態と知的能力や言語表現力との関係を匂わせている。一般に知能指数が低い者は学業終了年齢も低いからだ。ただし、もう少し深く掘りさげていくと、この推測は単純すぎることがわかってくる。

社会階層のちがいについても、やはり階層が下がるにつれてfuckの使用回数は高くなっていた。非労働者および単純労働者の階層から、技能労働者の階層に移ると、頻度は二四パーセント落ちたし、技能労働者から下位中流層（事務職や準専門職）に上がると一気に八五パーセントも少なくなった。ところが社会のはしごをさらにのぼると、奇妙なことが起こる。下位中流層にくらべると、上位中流層（上級管理職や専門職）がfuckを口にする回数は三〇〇パーセントもはねあがったのだ。社会階層の頂点で大逆転が起きたことになる。その理由として考えられるのは、立場が不安定な下位中流層が、印象を悪くしないために言葉づかいを自重しているということ。しかし上位中流層ともなると地位は安泰なので、好きなだけ悪態をつくことができる。「そんなもん知らねえよ（I don't give a fuck!）」と言えるのだ。

悪態をつく人間は頭が悪くて、言葉を知らないだけかと思いきや、そうではないことをこの研究は教えてくれる。上級管理職や専門職の人間が、やたらと汚い言葉をまきちらしている事実がはっきりした。権威ある立場の彼らが、知能や言語能力が低いはずがない。

悪態は言語能力の欠如という思いこみにとどめを刺したのが、マサチューセッツ・カレッジ・オブ・リベラル・アーツ（MCLA）の心理学者チームが最近発表した研究だ。[*8] ここでは言葉の全般的な能弁さと、悪態の能弁さを比較している。まず前者を調べるために、アルファベットの特定の文字で始まる単語を、一分間にできるだけたくさん書きだすテストを行なった。書いた単語が多いほど、言語スキルが高いことになる。悪態のほうも同様に、一分間に思いついた悪態をたくさん書きだしてもらった。

二つのテストの成績をくらべたところ、言語全般の得点が高い人は悪態も点が高く、前者の成績が悪い人は悪態の成績も悪かった。このことから、悪態は言語能力の低さ（語彙の貧しさ）を示しているどころか、むしろ高度に言葉を操れる人が、最大の効果をねらって用いる手段だと言えるのではないだろうか。

科学的探究のおかげで、どんな人がどんなときに悪態をつくのかわかった。だがわからないことがまだある――人はなぜ悪態をつくのか。悪態をつくことには、どんな隠れた効用があるのか。実は悪態をつくと、人間の身体には自らの意志に関係なく特定の情動反応が起きている。それには、恐怖や驚きを経験するときと同じ脳の経路が使われているのだ。

戦うか、逃げるか

私は何年も前から、悪態の科学についてあちこちで話をしている。悪態について話すときは悪態をつく必要はない。科学フェスティバルで子どもたちを前に講演したときのように、そういう言葉を一度も使わずに話を終えたこともある（ちなみに悪態の科学というテーマは、おとなも子どももやたらと食いつきがいい）。だが、悪態について自分なりの知識を披露するのは、テーマの新しさとかおもしろさだけではない魅力がある。大学の講堂というういかめしい場所で、静まりかえった聴衆に絶妙のタイミングで「ファック」と口にすることに、たまらない快感があるのだ。私の講演を聞いた女性の仕事仲間によると、最初に汚い言葉が私の口から飛びだした瞬間、衝撃が走ったという——戦慄と呼んでいいかもしれない。これこそが悪態の持つ力であり、人間の「闘争／逃走」反応が働いた状況なのである。

闘争／逃走反応とは人間の根源的なストレス反応で、行動を底あげする瞬間的な変化で構成されている。なかでも重要なのが活動エネルギーの急速な増大だ。敵から攻撃されたとき、応戦するにしても逃げだすにしても、エネルギーが充分あれば迅速に行動できて、生存の可能性が高くなる。具体的にはアドレナリンが大量に分泌され、心拍数が上昇する。瞳孔が拡張して呼吸も速くなり、痛みへの耐性が上がって、汗をかく。最後の汗をかくというのが、科学の視点から見ると興味ぶかい。発汗して皮膚が湿り気を帯びると、電気を通しやすくなる。これは指に電極を貼りつけて測定すれば簡単に確認でき、「皮膚電気反応」と呼ばれる。

侮蔑的な言葉、卑猥な言葉を発したときに身体に走る「戦慄」を、皮膚電気反応で計測してみた研究はたくさんある。たとえばブリストル大学の研究者チームは、被験者が「カント」「ファック」をあからさまに言うときと、それらを間接的に意味する「Cワード」「Fワード」と言うときを比較した。[*9] MCLAでは、被験者に悪態言葉と動物の名前を黙読させてみた。[*10] イェール大学の心理学者チームは、不敬な言葉や性的に露骨な言葉、社会的タブーとされている言葉など、刺激的な単語を被験者に音読させた。[*11] いずれの実験でも、悪態を口にしたときのほうが皮膚電気反応が大きいという結果が出た。これらの研究結果や、私の講演を聞いた女性の体験から、悪態は感情に直結した言葉だと考えることができる。悪態と感情の関係を解明するために、社会のタブーを破っていかがわしい言葉を口にすると、神経生物学的にどんな変化が起きるのか見ていこう。

おしっこ、うんこ、ファック……(以下自粛)

見出しで並べたのは、堂々と口にするのがはばかられる単語の数々だ。だれでも言葉としては知っているが、あちこちで言いまわったりはしない。なぜなら、人間もしょせんは動物で、うんこやおしっこやセックスをする生き物であることを思いださせ、気まずい空気をつくりだすからだ。そんな社会のタブーを破ると、周囲は神経をとがらせ、無防備な心境になる。また私たちは、けがをしたときや誰かと対立したとき、暴力ざたになりそうなときに、おとなたちが大なり小なり悪態をつくのを見て育っている。だから悪態を聞くと、ただならぬことが起こりそうだと感じて不安になる。原始的な自分が引きずりだされ、過去にアドレナリンが出まくった状況を連想させるがゆえに、目の前のできごとがいやでも緊張度を増すのだ。悪態が感情的な反応を誘発するのは、こうした理由による。

悪態を処理する脳の場所が、ふつうの言葉とちがうという研究結果もある。南カリフォルニア大学の研究者たちは、「悪態」をキーワードに分野を横断して研究結果を集めてみた。[*12] そこには失語症患者の研究や、サルを使った実験、トゥレット症候群患者の研究もあった。

失語症になると、意味の通じる発話ができなくなる。ブローカ失語と呼ばれる状態では、ほとんど言葉を発することができない。いっぽうウェルニッケ失語では、早口でぺらぺらとしゃべるものの、話していることは意味をなしていない。こうした失語症患者の脳を調べると、大脳皮質（大脳表面に広がるしわが刻まれた層で、知的で高度な思考のほとんどがここで行なわれる）のちょうど左耳の上あたりが損傷していることが多い。つまりこの部分が発話と密接に結びついているということだ。

ところが失語症の患者には、言葉で不自由しているにもかかわらず、「ちきしょう」「くそっ！」といった悪態だけは流れるように出てくる人がいる。言語全般をつかさどる脳の領域がやられているはずなのだが、悪態だけは特別なようだ。

悪態がほかの言葉とちがうことは、サルを使った実験でも確認されている。サルの脳のさまざまな場所を弱い電流で刺激して脳細胞を活性化させ、行動の変化を観察する実験だ。

脳の中心部に電極を刺しこんで電流を流すと、サルは仲間に危険を知らせるときの断続的な金切り声を発した。具体的には大脳辺縁系と呼ばれる場所で、情動をつかさどるところだ。こうした警戒の鳴き声は、人間が取りみだしたときに思わず出てくる悪態と同じ種類のものだろう。つまり人間の悪態も、大脳辺縁系が深く関わっているのではないか。この仮説にさらなる裏づけを与えてくれたのが、トゥレット症候群の患者を調べた研究だった。

トゥレット症候群のわかりやすい症状のひとつに汚言症がある。患者の全員とは言わないまでも、二五〜五〇パーセントとけっこうな割合で見られる。症状が出る患者と出ない患者をくわしく比較したところ、前者は大脳基底核が萎縮していることがわかった。過去の文献を収集・分析した南カリフォルニア大学の研究チームはこの結果を踏まえて、大脳基底核こそが悪態の生まれるところであり、その近くにある情動中枢——大脳辺縁系——も協力しているのではないかと考えた。脳の中心部にしまいこまれた情動系の構造体と関連するいっぽう、通常の言語中枢とは一線を画していることから、悪態は情動と密接に結びついているというのが神経生物学的な見解だ。

情動表現のギアを上げることができる。これが悪態の隠れた効用だ。自分がどう感じているかを強く伝えるために、言葉のレベルを一段高めるのである。実際の例を見てみればよくわかる。アーネスト・ヘミングウェイの名言「すべての草稿はクソだ」から、ブライオニー・ショーの「ファッキン・ハッピー！」まで、不敬で汚い言葉は強烈な感情がそのまま伝わってくる。そうした言葉を使わなかったら、これほどの印象はなかったはずだ。

ならばもっと悪態を使えばいいじゃないかと思う人もいるだろう。それができないのは、汚い言葉はみだりに口にしないのがエチケットだからだ。悪態の語彙は時代とともに変わっていくが、社会的なタブーは不変である。それを知るために、二〇世紀前半に時計の針を戻そう。

悪態で罰金

その昔、ふだん使わない戸棚の奥をごそごそやっていたら、ウィリアム・サッカレー『虚栄の市』が出てきた。発行は一九〇〇年と相当古い版だ。開けてみると、「d×××」という伏字がやたらと出てくる。いまではしょっちゅう耳にするし、悪態としてはむしろ穏便な言葉だが、当時は damn は活字にしてはいけない単語だったのだ。二〇世紀初頭の damn は、今日の fuck

より侮蔑的な言葉であり、それゆえなるべく避けるのがエチケットだったのだろう。だが会話にぴりっとスパイスをきかせるために、つい使いたくなるのが人情だ。そうやって少しずつ一般的になるにつれ、本来持っていた刺激的な力が弱まっていく。そしてもっと強烈な表現に交代するわけだが、それでもdamnは長いあいだ悪態として君臨していた。

一九三九年の映画『風と共に去りぬ』で、クラーク・ゲーブル扮するレット・バトラーが最後にこんな捨てぜりふを吐く—— Frankly, my dear, I don't give a damn.（いや、俺の知ったこっちゃないね）。当時もまだdamnは下品な言葉とされていたため、アメリカ映画製作配給業者協会の検閲（ヘイズ・コード）にひっかかり、当時としては高額な五〇〇〇ドルの罰金を科せられた。だが映画会社としては、このせりふで世間が騒然となり、映画に注目が集まることがねらいだったから、罰金など痛くもかゆくもない。実際、映画は予想をはるかに超える評判となった。二〇〇五年アメリカ映画協会（ＡＦＩ）が投票で選んだ「一〇〇の名ぜりふ」では、堂々の一位を獲得している。侮蔑語がいかに大きな力を持つかという典型的な例だろう。北イリノイ大学の心理学者チームはこのせりふに触発されて、人間の信用度や説得力に悪態がどう影響しているか調べた。*13

彼らの立てた仮説はこうだ。一九三〇年代以降、侮蔑表現に対する社会の反応は大きく変わった。いまはむしろ、そういう言葉で話を強調したほうが話者への信頼性が増し、主張に説得力が出ているのではないか。つまり悪態の隠された効用ということだ。

それを確かめるために用意されたのが、大学の授業料を下げるべきという主張を展開する五分間のスピーチビデオだ。話し手が damn という軽い侮蔑語を語りの冒頭や末尾にはさむパターンと、そうでないパターンの二通りつくった。学生ボランティアの被験者は二つのグループに分かれてそれぞれのビデオを視聴し、話し手の信用度、スピーチの説得力を評価するとともに、授業料値下げに対する自分の判断も答える。

すると、悪態混じりのスピーチビデオのほうが、授業料値下げの賛同者を多く獲得できるとともに、スピーチの説得力評価も高くなり、話し手の信用度は落ちていないことがわかった。侮蔑表現で論点を強調することで、議論の説得力が押しあげられたというわけだ。メッセージがより明確に伝わるが、話し手の信用度が損なわれるわけではない。説得力のある話ができるというのが、悪態の隠れた効用であることがわかった。

とはいえ、このテクニックの濫用はつつしむべきだ。実験で使われたスピーチは、学生なら好意的に受けとめて当然の内容だった。そうでないテーマを選択した過去の別の実験では、悪態を入れても話し手の説得力が高まる効果は認められず、むしろ同意しかねる理由にされる結果になった。つまり悪態が効果的になるのは、聞き手がすでに内容に共感しているときだけなのだ。

悪態が説得力を押しあげるのは、聞く人の情動を強く揺さぶるからだろう。それは何も他者だけとはかぎらない。悪態を発することで、自分自身にも好ましい影響があることが科学的に確かめられている。その研究を行なったのは、実は私だ。

アイスバケツ・チャレンジ

二〇〇四年に下の娘が生まれたとき、私はいまどきの父親らしく妻の出産に立ちあうことにした。だがお産は思うようにいかなかった。というのも、娘は頭ではなく足のほうから出てこようとしたからだ。妻は長時間苦しみつづけ、激しい陣痛の波が襲ってくるたびに汚い言葉を叫ぶ。痛みが引くと、看護師や助産師、医師のいる前でそんな言葉を発したことを本人はいたく恐縮し、謝罪する。だが次の陣痛がやってきたら、また同じことを繰りかえした。もちろん医師も看護師も、こんな場面には何度も遭遇している。悪態、四文字語、ののしり、不敬語――なんであれそういう言葉が飛びだすのは、お産の現場では当たり前で、日常茶飯事なのだと助産師は説明してくれた。娘が無事に生まれてくれた喜びと、慣れない立ちあい出産の心労で頭はすっかり混乱していたが、このことだけは印象に残った。

なぜ人は痛みにさいなまれたとき、汚い言葉でののしってしまうのだろう？　キール大学心理学部の研究室に戻った私は、そんな疑問が頭から離れなくなった。それは痛みに対処するメカニズムだったり、フラストレーションのはけ口だったりするのだろうか？　悪態と痛みのつながりについて、他の心理学者はどう考えているのか知りたくて文献も探してみた。だが意外なことに、そうしたテーマの研究がひとつも見つからない。しかたないので同僚に議論を持ちかけたところ、心理学的に二つの解釈が浮上してきた。

ひとつは「脱抑制」説だ。急性の激しい痛みに襲われたとき、人は社会的に脱抑制状態に陥る。礼儀や世間体にかまっていられなくなるということだ。その結果、ふだんなら抑えこんでいた汚い言葉や考えも、歯止めを失って口にしてしまう。

もうひとつの説明が、「痛みの破局化行動」説である。痛みの破局化とは、痛みの経験によって、否定的・破滅的なメンタルセット（心構え）になることを言う。そうなると痛みに対する恐怖心だけでなく、痛さの感じかたまで増幅される。悪態はそうした破局化の表出だというのだ。一見するとうまい説明のようだが、それだと痛みがもたらす苦しみや不快感を悪態が後押しすることになるので、論理的に無理がある。

痛みに反応して悪態をつく現象を客観的にとらえようと、私はキール大学の学生たちとともに、数年かけて実験手法を練っていった。ヒントになったのは、そのころ一瞬だけはやったアイスバケツ・チャレンジだ。氷水はけっこうつらい刺激だが、有害ではない。私たちの実験では、被験者にバケツの氷水に手を浸してもらうことにした。時間は最長五分間。そのあいだに悪態を発してもらわなければならないが、大切なのは被験者が自ら選んだ言葉であることだ。最初は文章の空欄を埋めるテストを受けてもらい、ふつうの言葉、汚い言葉のどちらでも好きなほうを入れられるようにしていた。しかしその後は、頭をぶつけたり、金づちで親指を叩いたりしたときに思わず口にする言葉を、氷水に手をつけた状態で再現してもらった。回答のなかでいちばん多かったのは、「ファック」と「シット」だった。

私たちはこの実験の結果を論文にして発表した。被験者は侮蔑的な言葉を何度も口にしているほうが、ふつうの言葉よりも長いあいだ氷水に手をつけていられたし、感じる苦痛の度合いが低く、心拍数もより高くなった。[*14] 私たちは心拍数の上昇に注目して、被験者は悪態をつくことで闘争／逃走反応が起き、ストレス性無痛状態になっているのではないかと考えた。

幸いなことに、二回目の実験でも同じ結果を得ることができた。[*15] 二回目以降の実験が最初と同じ結果になれば、最初の所見の正しさがそれだけ裏づけられたことになるので、研究者としては心強い。

二回目の実験では、日常的に悪態をつく頻度が、痛みの軽減効果を弱めることもわかった。この点を少し掘りさげて説明しよう。被験者に、日常生活で侮蔑語・卑猥語を口にする回数をたずねたところ、答えは〇回から六〇回までいろいろだった。それと氷水実験の結果を突きあわせると、ふだん悪態をたくさんついている人ほど、悪態による痛みの軽減が少ないことがわかったのだ。汚い言葉を口にしすぎて反応が鈍くなった状態を、専門的には「馴化（じゅんか）」と言う。この実験結果からひとつ助言をするならば、ふだんの悪態は慎んだほうがいいということ。そうすれば、ここぞというときに威力を発揮してくれる！

私たちはさらに三回目の実験も行なって、情動反応が耐痛限界を引きあげるかどうかも調べた。[*16] 侮蔑語・卑猥語を発するとき、人は攻撃的になっているというのが実験の前提だ。では攻撃的な感情をかきたてることで、痛みの感じかたは変わってくるだろうか。実験では、被験者に一人用のシューティングゲームを一〇分間プレイしてから、氷水に手をひたしてもらった。ゴルフのビデオゲームをやった比較グループにくらべると、次々と現われる敵を撃ちたおしていった被験者たちは明らかに自分が攻撃的になっていると感じた。彼らはゴルフゲームのグループより長い時間氷水に耐え、心拍数も高くなった。この結果は、悪態が攻撃感情を通じて痛覚に働きかけるのではないかという私たちの仮説と一致していた。

以上の実験からわかったこと。悪態をつく、つまり侮蔑語・卑猥語を口にすることで痛みへの耐性が高くなる。ただし、そうした言葉をふだん濫用していると効果が弱まる。その理由は悪態が攻撃感情を高め、闘争／逃走反応を引きおこすからであって、痛みの破局化ではないと思われる。悪態をつくことで、痛みの感じかたがより強烈になっているわけではないからだ。同様に、痛みに反応して汚い言葉を口ばしる行為は脱抑制行動と見なすのも無理がありそうだ。脱抑制行動では痛みの経験は変化しないはずだが、私たちが行なってきた実験では、悪態は疼痛管理の手段になっていることが明らかだった。したがって悪態は、痛みに耐えるのを助けてくれるという隠れた効用があることがわかった。

この効用は研究テーマにこそなっていないが、出産を経験した女性や、看護師、助産師なら誰でも知っていることだ。私たちが一連の研究を論文で発表したあと、オンライン辞書に「ラロケジア（lalochezia）」という新語が登場した。ストレスや痛みをやわらげるために、卑猥な四文字語を使うこと、という意味らしい。もしあなたが激しい痛みに襲われ、医学的な処置をすぐに受けられないときは、悪態をうまく活用してその場をしのいでほしい。だけど病院に搬送されたら口をつつしんだほうがいい。医療機関でそんな言葉をまきちらすのはエチケット違反だし、思わぬ注目を浴びることになる。

助けを求めて

認知機能に問題があるかどうか、つまり思考や意思決定に時間がかかったり、あやふやになったりしていないか確かめる簡単なテストを前に紹介した。特定の文字で始まる単語をなるべくたくさん言って（あるいは書きだして）もらうのだ。指定される文字はなぜかF、A、Sであることが多いので、心理学者のあいだではFASテストと呼ばれている。

さて、ある診療所でこのFASテストが始まった。心理学者の指示を受けて、合図とともに患者がFで始まる単語を答えていく。短い沈黙のあと、最初に出てきたのは「ファック」だった。続いて口にしたのは「ファート（屁）」。そこで時間切れ。患者が答えたのはこの二つだけだった。

これはカリフォルニア大学アルツハイマー病研究メアリー・S・イーストン・センターで実際にあったできごとだ。テストを実施した研究者たちは、この受診者の奇妙な回答に興味を覚えた――卑猥語で認知症の診断ができるものだろうか？[*17]

認知症は高齢者に多い脳の病気だ。記憶のつまずきに始まって、ほかの精神機能も少しずつやられていく。認知症とひと口に言っても、アルツハイマー病、脳血管性認知症、レビー小体型認知症、前頭側頭型認知症などいろんな種類がある。認知症を治すことはできないが、状態を改善できる治療法はある。ただ種類によって対応が大きく異なるため、どの種類の認知症なのかを正確に見きわめることが重要になる。残念ながら、死後に脳を解剖してはじめて診断がつくことも少なくないのだが、それでは遅すぎるのだ！

前頭側頭型認知症は、脳の前頭葉が萎縮して起こる。前頭葉はいろんな仕事を受けもっているが、いちばん大事なのは社会規範に反するような衝動にブレーキをかけることだ。ＦＡＳテストで卑猥な単語を二つだけ答えた患者を見て、カリフォルニア大学の研究者たちは、このタイプの認知症なら不思議ではないと考えた。もしアルツハイマー病だったら、脳損傷の範囲がもっと広いのでこういう反応は出てこない。だとしたら、侮蔑語・卑猥語を認知症診断の基準に使うことはできないだろうか？

こうして始まった研究は、とてもシンプルなものだった。過去に認知症患者に実施したＦＡＳテストの結果をすべて洗いだし、前頭側頭型認知症の患者と、アルツハイマー病患者で比較したのだ。患者が思いつくことができた単語は、Ｆ、Ａ、Ｓの各文字で平均五〜七個と差はなかった。ところが単語の中身を見ると、「ファック」と答えた前頭側頭型認知症患者が六人（全体の一九パーセント）いたのに対し、アルツハイマー病患者はゼロ。前頭側頭型認知症の患者の答えには「アス（ケツの穴）」「シット（クソ）」も含まれていたが、アルツハイマー病患者はこちらも皆無だった。

この事実から、ファックという単語は前頭側頭型認知症に特徴的なものであることがわかる。ただしファックと答えなかった患者が八〇パーセント超だったので、この単語を前頭側頭型認知症の診断基準にすることはできない。さもないと、ファックと言わなかった患者が診断からみんな漏れてしまう。

この研究は、悪態の隠れた効用をもうひとつ教えてくれた。認知症の種類を判定するうえで、多少なりとも手がかりになるということだ。これほど単純で身近なものが、脳の病気をあぶりだすのに役だつとは。認知症は種類に関係なく痛ましい病気だが、とりわけ前頭側頭型認知症になった人が、周囲の状況に関係なく、また本人の性格とは裏腹に汚い言葉を発するようになったら、家族の心痛はいかばかりか。こうした研究をきっかけに病気の背景や情報が広く世間に伝われば、患者の家族や友人の気苦労も少しは軽くなるかもしれない。

余談ながら、カリフォルニア大学のこの研究をまとめた論文を見ると、侮蔑語・卑猥語はf★ck, ★ss, sh★tと伏字になっている。二〇一〇年に発表された科学論文なのに、ずいぶんお上品ぶっているなと思う。イギリスの日刊紙『ザ・ガーディアン』は以前から伏字なしになっており、どんな媒体でもそうなるのは時間の問題だ。おもしろいことに、件の論文ではfagとfartは伏字になっていないので、要するに編集上の判断のようだ。侮蔑語・卑猥語をあえて使い、周囲を不快にさせることなく最大限の効果を引きだすには、文脈を慎重に判断しなくてはならない。侮蔑語・卑猥語がどう理解され、どう受けとめられるかは、つまるところ文脈しだいなのだ。この章はそんな話で締めくくるとしよう。

避けられない悪態

悪態をつくのは無礼きわまりない行為だ。「fuck it, fuck you and get your fucking legs out of here（なんだてめえ、ざけんなよ。とっととどっかへ失せやがれ）」といきなり言われたら、たちまちケンカ勃発——いや、実はかならずしもそうではない。悪態は文脈に依存する。つまり許される状況とそうでない状況があるということ。イギリスのテレビ視聴者を対象にした調査で、汚い言葉がテレビで流れても許せるのはどんな場面かという問いに対し、痛い目にあったとき、予想外の知らせに驚いたときなら容認できるという答えが大半だった。反対に、怒りにまかせて相手に悪態をついたり、しゃべりながら汚い言葉を無自覚にたれながすのは許せないというのが視聴者の反応だった。

にわかには信じられないかもしれないが、侮蔑的で卑猥な言葉が礼儀にかない、相手の立場を思いやった表現になる状況が存在する。その例を紹介するために、地球の裏側にあるニュージーランドの工場に飛ぼう。

ニュージーランドの首都ウェリントンの近郊、パトーニにユニリーバの石鹸・洗剤工場がある〔二〇一五年末で閉鎖〕。ここで石鹸の箱づめを担当していた二〇名の従業員チームは、その結束の強さから「パワー・レンジャーズ」の異名をとっていた。会社に雇われる人間は、上司や他部署、さらには同僚のぐちをこぼすのが世の常だが、むろん彼らも例外ではなかった。ウェリントンにあるヴィクトリア大学の研究チームは、そんなパワー・レンジャーたちの職場での会話を録音して分析してみた。[*18] のべ三五時間以上におよぶ録音からわかったのは、仲間どうしで話すときは、ののしりや悪態がこれでもかと飛びだすことだった。ある工程の作業に飽き飽きした者が「fucking sick of this line（このラインむかつく）」と言うと、「the other line is fucking worse（あっちのラインのほうがチョーむかつく）」と誰かが声をかける。残業代の支払いが遅く、「fuck man I got short pay last week again（先週の給料、また足りねえでやんの）」とこぼす者がいれば、「stick it up your fucking arse you did overtime you cunt（きさまの残業代なんかくそくらえだ）」という言葉が返ってくる。同僚のうわさ話をしている女性従業員もこんなことを言っていた。「that dumb mole that did my laminating...dumb bitch...where the fuck's all that stuff（あのモグラ女、私のラミネート作業やりやがったわね……メス犬め……物はどこにあんのよ）」

おもしろいのは、こうしたやりとりが楽しげに行なわれている点だ――話しかたも落ちついていて、ユーモアがにじみでている。もちろん気分を害する者はひとりもいない。ふつうなら失礼きわまりない侮蔑的で卑猥な言葉も、長年仕事をともにしてきた同僚に使うと、親しみや友情の表現になるのだ。パワー・レンジャーたちが、立場が同等の別部署の人間と交わした会話も録音されているが、このときは汚い言葉づかいは完全に影を潜めていた。

このような文脈のなかでは、悪態は連帯のシンボルとなる。良好な関係であることをおたがい確信しているがゆえに、無礼な言葉づかいも無罪放免になるわけだ。侮蔑語・卑猥語が発信する否定的な感情が相手への好意に変換され、ファックという言葉さえ、「昨日今日のつきあいじゃなし、無礼講でいいよな」という意味になる。なるほど言葉は流動的で、ニュアンスが大切だと言われるゆえんだ。昨今は「むかつく」「ヤバい」と聞いて、体調が悪いとか、危険が迫っていると受けとる人のほうが少ないだろう。言葉は、文脈によって変化するし、揺れも生じる。侮蔑語や卑猥語も例外ではないのだ。

工場だけでなく、軍隊でも、サッカーのピッチやロッカールームでも、汚い言葉で集団の一体感を高めるのはおなじみの光景だ。私がこの章を書いているいま、ちょうどわが家に配管工事が入った。やってきた作業員に話を聞くと、この章で書かれていたことをみごとにそのままなぞっていた。彼は午前中に三件の工事を片づけてきたのだが、どれもひとりだったので汚い言葉を使う場面はまったくなかった。でものあとで行く現場は、同じ会社の仲間と作業する。だから「汚い言葉を使うことは避けられない」と彼は話した。

人と人の結びつきを強める。それが悪態のもうひとつの隠れた効用だ。侮蔑的で卑猥な言葉なのに、無作法でもなければ、相手を遠ざけるわけでもない。むしろ仲間意識や所属意識を持たせてくれる共通語なのだ。自分はぜったいに言えないが、ほかの人が悪態をつきまくってもおかしくない状況、あるいはその逆の状況が存在することは誰でも知っているだろう。それは意識しないまでも、あえて汚い言葉を使って仲間と連帯しようという姿勢の表われなのだ。

ラックスの工場

まとめ

人前で発する侮蔑語・卑猥語の研究を総合すると、ひとりの人間が一日に話す言葉の〇・三～〇・七パーセントをそうした言葉が占めているという。発話される言葉の総数は一日平均一万五〇〇〇～六〇〇〇〇語なので、だいたい六〇～九〇語が悪態ということだ。そのほとんどは会話のなかに織りこまれるもので、相手を傷つけたり、攻撃したりする意図はほとんどない。マサチューセッツ・カレッジ・オブ・リベラル・アーツ（ＭＣＬＡ）の研究では、侮蔑語・卑猥語が人前で使われた例を数千件集め、さらに数多くの聞きとり調査も行なったが、その結果身体的な攻撃が起きたり、参加者から苦情が出たりしたことはなかった。ＭＣＬＡの研究チームは、侮蔑語・卑猥語が社会的な害悪とは認められないという結論を出した。[*19] ちょっと過激にも思えるが妥当な判断だし、そうした考えは社会的にも容認されつつあるようだ。

イングランド・ウェールズ控訴院のサー・デヴィッド・マイケル・ビーン裁判官は、市民が侮蔑的な四文字語を発したからといって、それはかならずしも警察官へのいやがらせや侮辱ではないという判断を示した。[*20] この裁判は、麻薬取締りで職務質問を受けたときに悪態をつき、聞きとがめた警官に拘束された若者が被告だった。四文字語は日常生活で高い頻度で使われるし、耳にする。この若者は警官に向かって四文字語を言いはなったのではなく、いらだった気持ち（「なんだよ、オレはヤクなんかやってねえよ」）を表現しただけだと裁判官は考えたのだ。侮蔑語・卑猥語が容認される状況については、いまもさかんに議論されている。ただ、そうした言葉を許しがたい悪だと決めつける風潮は、もはや過去のものだ。

侮蔑語・卑猥語は、ほかの言葉では伝えきれない感情をずばり表現してくれる。それにこの章で見てきたように、隠れた効能もあることがわかった。悪態の心理学なんてふざけてると思われたかもしれないが、心理学は人間の心を探る学問だ。人間は感情の生き物（ミスター・スポックではなくカーク船長ということ）なのだから、感情の言語として悪態を理解することは、心理学を深く掘りさげるうえでも大いに役に立つ。

小説家・脚本家リチャード・ドーリングは著書『ブルー・ストリーク――悪態、言論の自由、セクシャルハラスメント（*Blue streak: Swearing, free speech and sexual harassment*）』のなかで、四文字語は「この世のあらゆるものと分かちがたく結びついている」と書いた。*[21] 墜落した飛行機のフライトレコーダーからパイロットの最後の言葉だけ集めた壮絶なサイトがあるが（www.planecrashinfo.com/lastwords.htm）、死を目前にしてストレスも感情も極限状態のときに出るのは、やはり侮蔑語・卑猥語だ。ここでは具体的に紹介しないが、彼らの最後の言葉は悪態の隠れた効用をあらためて教えてくれる。つまり母親が新しい生命を世に送りだすときから、かけがえのない人生が悲劇的に断ちきられるときまで、生と死の抜きさしならない瞬間にいつも悪態は寄りそっているということだ。

第4章
アクセルを踏みこめ！

Floor it

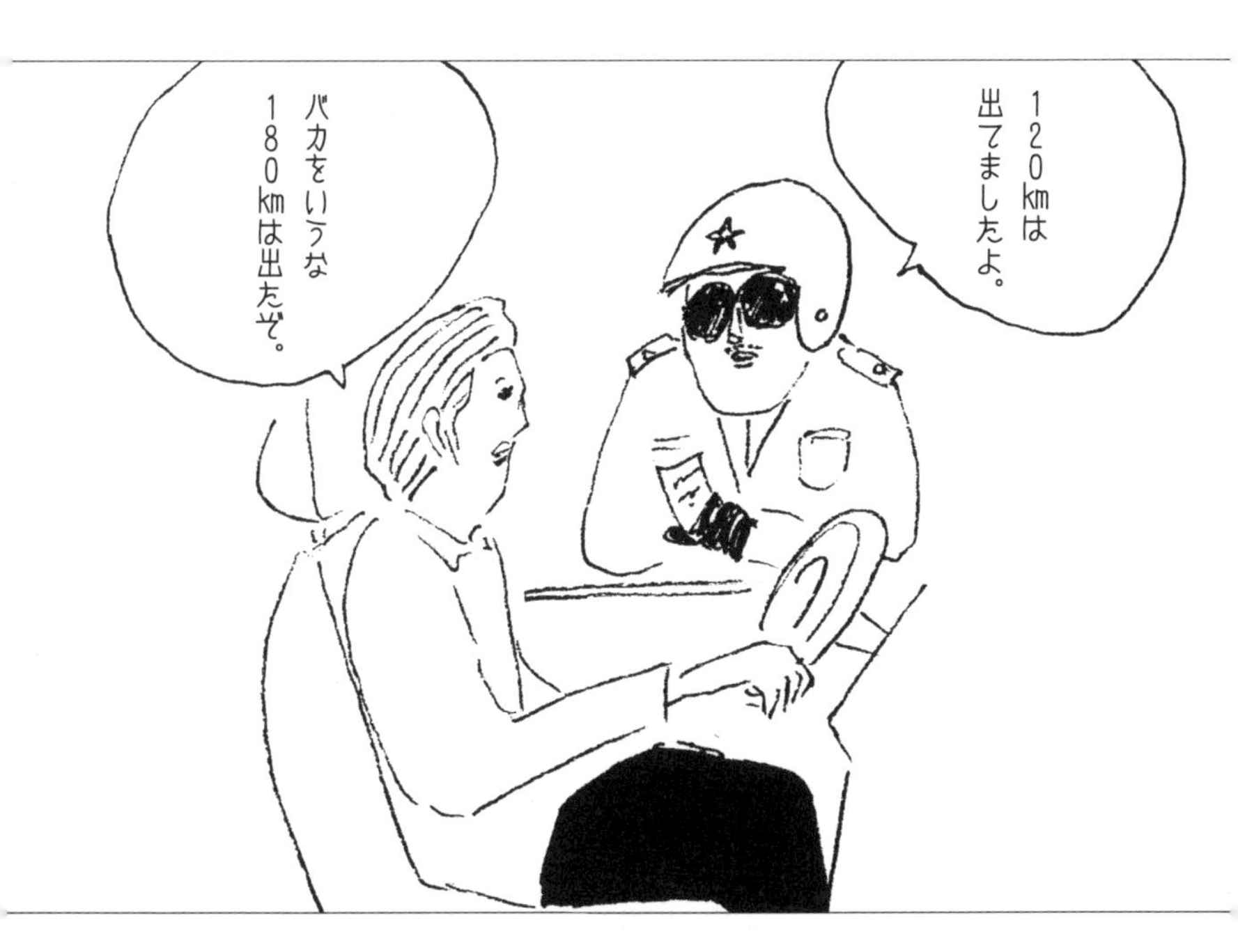

カーチェイスやカースタントは、映画の歴史を通じて毎度おなじみの場面だ。無声映画が全盛期だった一九二〇年の『ロイドの神出鬼没』では、主演のハロルド・ロイドは落ちたスーツケースを拾うために運転していた車から飛びおりる。運転手不在のまま走りつづける車を必死で追いかけるロイドの姿に、観客は腹を抱えて笑ったものだ。同じ映画では、ロイドが「通行止め」の標識を動かして、オートバイの追跡を振りきる場面も出てくる。標識どおりに進んだ警官たちのオートバイは、未完成の道路の端から飛びだしてしまうのだ。

映画がモノクロからカラーに移るころには、カーチェイス場面も骨太でリアリズムあふれる趣向になっていた。ロバート・ミッチャム主演『死の驀走(ばくそう)』(一九五八年)は、フォード・フェアレーンなどスピードが売りのクラシックなアメリカ車で、捜査官が密造酒の売人を追跡する。だが映画のカーチェイスががぜん人気を集めるようになったのは、やはり一九六八年の『ブリット』からだろう。スティーヴ・マックイーンが運転するフォード・マスタングGT390が、ドッジ・チャージャーR／Tを追ってサンフランシスコの急坂を疾走する。

映画ほど具体的ではないにせよ、車を猛スピードで走らせる描写は小説にも登場する。コリン・デクスターのモース警部シリーズでは、運転のしかたが登場人物のちょっとした難点として巧みに描かれている。相棒役のルイス刑事は、酒と女に目のない主人公モースとは対照的な良き家庭人で、酒も女も夜ふかしもしない。ただしひとつだけ困ったところがあって、オクスフォード周辺の幹線道路を車でぶっとばすのがやめられないのだ。

しかし、ここで疑問が出てくる。スピードの出る車や、車でスピードを出すことはこれほど人気があるいっぽう、困った一面もある。それを端的に表わしているのが、イギリスの

映画『ブリット』（スティーヴ・マックイーン主演、1968年）

王立災害防止協会が一〇年前に発表した標語「そのスピードが命とり」だ。[*1] そこでこの章では、無謀な高速走行を心理学の観点から取りあげた研究を見ていきながら、隠れた心理的効用を探っていく。コリン・デクスターの小説に登場するルイス刑事はいわゆるスピード狂だが、あなたはどうだろう。自分がどんなタイプの運転手なのか、心理学のおもしろい研究で判定してみよう。

あなたはスピード狂？

あなたは、制限速度が時速一〇〇キロの幹線道路を快調に走っている。道はまっすぐで空いているし、天気は快晴。車内ではカーラジオや好きな音楽を流したり、あるいはいっしょに乗っている友人や家族とおしゃべりしたり。そんなあなたの姿を、歩道橋の上からフロントガラス越しに観察してみる。注目するのはあなたの手の位置だ。両手でハンドルを握っている？　ハンドルを片手をシフトレバーに置いていたり、ウィンドウをおろしてひじを乗せたりしている？　片手でハンドルを握る場所も重要だ。時計の針でたとえれば一時五〇分、それとも二時四五分？　片手で握っているなら、時針だけで表現できる。

なぜそんなことを？　実はニュージーランドにあるカンタベリー大学の研究チームが、このやりかたでドライバーを観察したのだ。[*2]　彼らはこの調査を積みかさねて、運転スタイルとハンドルの握りかたの関係について複数の論文を発表している。直近の研究では、二〇〇〇台以上の車を観察した。ハンドルの持ちかたのほかに、ドライバーの性別、スピードガンで測った速度、前の車との距離も記録している。

この調査からわかったことは？　ハンドルの上半分を持っていたドライバーが、全体の八割を占めていたことは喜ばしい。ただし両手で握っていたのは全体の二割程度。ほとんどのドライバーは片手運転だった――陸橋から見える範囲で、片手でしかハンドルを持っていなかったという意味だ。ハンドルは一〇時と二時の位置に持ちましょうと自動車教習所では教わるが、これなら上からでもはっきり確認できるはずだ。

ハンドルを両手で持っていることが確認できたドライバーは女性が多く、男性の二倍だった。速度は両手持ちのドライバーが平均時速六九キロで、片手持ちもしくは手ばなしのドライバーが七〇キロ。さらに両手持ちのドライバーは平均車間距離が六〇メートルだったのに対し、片手持ちもしくは手ばなしのドライバーは平均五二メートルだった。

新米科学者ならこの結果を見て、ハンドルの持ちかたと速度や車間距離が関連していると判断するだろう。だが例によって、二つのことが同時に起きたからといって、両者に因果関係があるとはかぎらない。第2章に出てきた適度な飲酒と健康の関係もそうだった。ハンドルを握る位置が危険運転の原因とはかぎらないし、逆もまたしかり。ただ危険運転の兆候になっているのはまちがいない。

つまりハンドルの持ちかたで運転のタイプがわかる。時計の針で二時四五分、一時五〇分、一二時五五分ぐらいの位置でハンドルを握るドライバーは、速度を出しすぎないし、車間距離も充分にあけているはず。カンタベリー大学の研究者たちが立つ歩道橋の下を、この状態で通過した安全運転のドライバーにはおめでとうと言おう。そうではなく、もし片手運転や手ばなし運転だったらご愁傷さま。

それでもスピードを出したいあなた。でも恥じることはない。もちろん制限速度を超えて走ることはよろしくないのだが、あとでくわしく述べるある調査では、制限速度三〇マイル（四八キロ）の道路を通る車の四七パーセントが速度超過だった。[*3] フィクションでも現実でも、猛スピードで疾駆する車はかっこいい。私たちはなぜそう感じるのだろう？　スピードの魅力を心理学が掘りさげるとしたら、まずはスピード違反で捕まったドライバーたちを研究するのが筋だろう。

ナイジェル・マンセルにでもなったつもり？

自分の行動について意見を述べ、質問に答えてもらう。それのどこが科学的なのかと言われるかもしれないが、心理学研究では正攻法だ。イースト・アングリア大学の研究者チームが採用したのもこの手法だった。スピード違反で検挙された経験があるイギリス人四六四人に、その経緯を説明してもらったのだ。[*4]

ご想像のとおり、回答者のほとんどは男性で、理由はいろいろだった。違反キップを切られて腹を立て、「取り締まりカメラを設置したやつは、××××すればいいいんだ！」と毒づく者もいた。

制限速度を勘違いしたという人もいた。道路によって制限速度が変わるのが悪いというわけだ。

「制限速度が途中で三〇マイルから四〇マイルに変わる道路があって、その手前で捕まった。完全に勘違いだ。四〇マイルに変わったと思いこんで、三九マイル出しちまった」

だがなかには、わざと制限速度を超えたと答えた人もいた。いまの車は技術も進歩して性能がいい。天気も視界も良好で、歩行者が見あたらない道路では、制限速度は遅すぎると考えたのだ。あるドライバーはいみじくもこう言った。

「警察や政府は〝そのスピードが命とり〟なんて言うけど、そんなのは科学的根拠のない真っ赤なウソだ。命とりなのは不注意で危険な運転であって、スピードそのものじゃない」

スピード超過は偶然起こることもあれば、意図的なこともある。この事実は、スピード走行の効用を探るうえで役にたつ。とくに後者のコメントからは、スピードを上げることと、危険性が高まることがドライバーのなかで結びついていないことがうかがえる。自動車事故の恐ろしさを過小評価しているのだ。だが、自動車事故はほんとうに危ない。

F1ドライバーと臨床心理士

一九六二年、イギリスのトップレーシングドライバー、スターリング・モスはロータス18／21でグローヴァー・トロフィー・レースに参戦した。舞台はイギリス南部、チチェスター近郊にあるグッドウッド・サーキット。モスは持ち前のテクニックで予選を悠々トップ通過、決勝レースでポールポジションを獲得した。だがレースが始まると雲行きが怪しくなる。ギアにトラブルが発生してピットストップを余儀なくされ、そのあいだにイギリスのもうひとりのレジェンド、グラハム・ヒルにリードを許してしまう。二周遅れで再スタートを切ったモスは猛然とヒルを追撃、時速二〇〇キロで「セント・メリーズ」と呼ばれる左コーナーに突っこんだ。追いつかれたことに気づかないヒルが走行路の中央を走っていたため、モスは押しだされるようにコースをはずれて芝生エリアに飛びだしてしまった。草の上はすべりやすく、ブレーキもハンドルもきかない。スリップしたまま斜面に激突した車は爆発、すさまじい炎と煙があがった。

モスは脚と腕、それに頬骨と眼窩を複雑骨折した。さらに衝突時の衝撃で右脳の血管が破れ、血液が組織内にたまって血腫ができた。

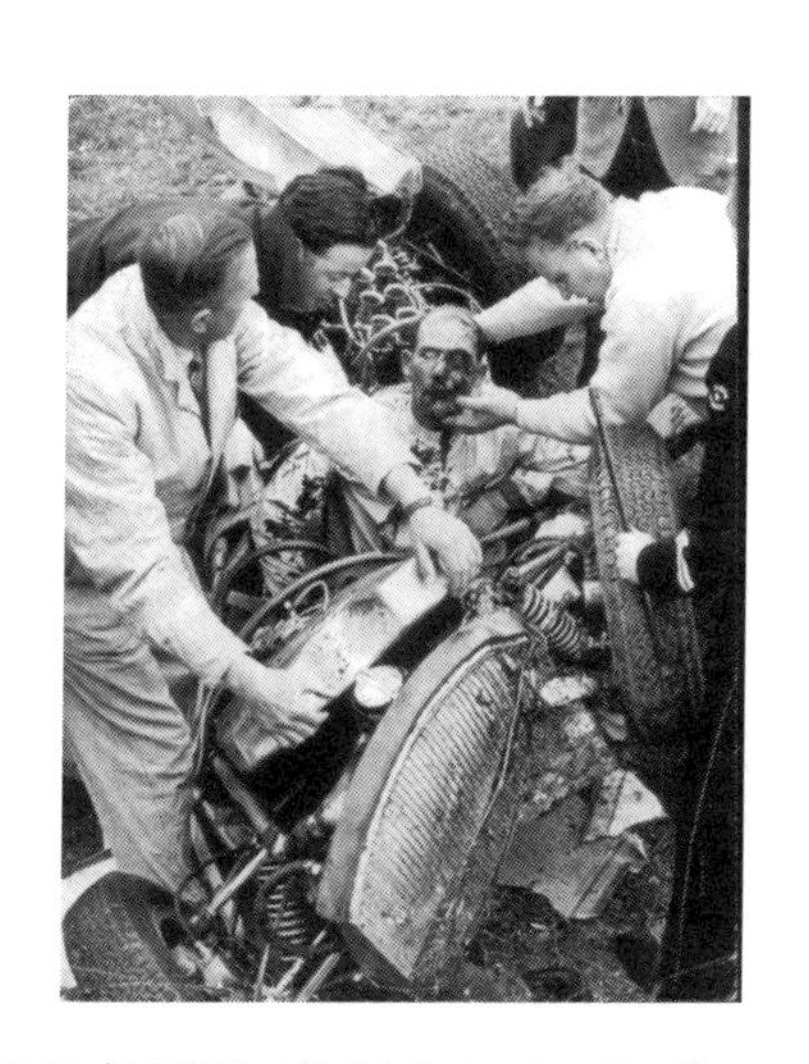

1962年の事故で救出されるスターリング・モス

血腫が大きくなって脳の軟部組織が圧迫されたらもうとりかえしがつかない。モスは三八日間昏睡状態だった。

この事故は自動車事故の危険を物語ると同時に、心理学の分野でも興味ぶかい研究成果を残した。モスが入院したロンドンのアトキンソン・モーリー病院で、臨床心理士のベレニス・クリクラーが心理学の立場からモスの経過を観察・評価して論文にまとめたのだ。[*5]

リハビリ段階に入ったモスの回復状態を心理学的に見きわめるのがクリクラーの仕事だった。通常であれば、記憶力、反応速度、手と目の協調性といった精神機能の標準的なテストを患者に受けてもらって、その結果を「基準値」と比較する。だがこの基準値は一般人向けのもので、一流のレーシングドライバーでは正しく評価できないのではないか。そう考えたクリクラーは、すぐに解決策を思いついた。第一線で活躍するレーシングドライバー、つまりモスの友人やライバルたちにテストを受けてもらって、彼らだけの基準値をはじきだしたのだ。

モスの伝記によると、クリクラーの呼びかけで集まったのはインズ・アイルランド、グラハム・ヒル、ブルース・マクラーレン、ロイ・サルヴァドーリ、ジャック・ブラバムの五名だった。[*6] いまで言うなら、フェルナンド・アロンソ、ルイス・ハミルトン、キミ・ライコネン、セバスチャン・ヴェッテル、ジェンソン・バトンが一堂に会したようなものだ。ドライバーたちは精神機能を測定する数々のテストをこなした。彼らのスコアと一般の基準値と突きあわせると、世界的レーシングドライバーの心理特性が浮かびあがってきた。

まず、ドライバーたちの知能指数は平均一二二だった。知能指数は一〇〇が標準なので、彼らは上位一〇パーセントに入る頭脳の持ち主だ。そのいっぽう、曲がりくねった二重線のあいだを、はみださないようにペンでなぞっていく手と目の協調性テストはふつうの人と変わらなかった。A→C→E→G→〇のように、並びの規則を理解して次の文字を答えるテストは、制限時間なしでやらせると成績は平均以下なのに、できるだけ速くと条件をつけると平均を上回った。マイルズ・トレーナーという、ドライビングシミュレーターの前身のような装置もテストに使われた。道路を走行する風景が画面に流れ、ブザーが鳴ると手か足ですばやくボタンを押す。ドライバーたちは設定速度が高いほど反応時間が早く、反対に通常の速度だと標準値より遅くなった。

一流レーシングドライバーは知能が高く、ストレスのかかった状態ですばやく反応し、集中力と自制心と判断力に優れているというのが総合的な結果だった。リハビリ中のスターリング・モスはというと、どのテストも成績はドライバー基準値より低かった。とくに悪かったのが、二重線のあいだをペンでなぞるテストだ。モスはめざましい回復を遂げたが、レースへの復帰はついにかなわなかった。事故前は反射と本能と直感でマシンをコントロールしていたが、いまは全神経を集中させないと運転できないと本人は話していた。「自動的」にできていたことを、いちいち考えないと遂行できなくなったということだ。スターリング・モスは一九六二年、三二歳の若さで現役を引退した。

スターリング・モスのすさまじい事故とその後の経緯を知るにつけ、スピードの出しすぎ（およびそこからの急停止）がいかに危険なことか痛感するはずだ。F1の歴史を振りかえっても、ジム・クラーク、ジル・ヴィルヌーヴ、アイルトン・セナが命を散らした悲劇が記憶に残る。となると一般のドライバーが運転に慎重になるのは当然と思いきや、どうもそうではなさそうだ。いったいなぜ？　自動車レースが、一般道の走行と大きくかけはなれていることも理由のひとつだろう。そもそも車の種類がちがうし、安全対策もちがう。サーキットに速度制限はない。レース走行と一般道走行は、もとより比較にならないものなのだ。実際、心理学者がレーシングドライバーの「目」になった研究からもそのことがよくわかる。

どこ見て走ってるの？

その研究は、ひとつの仮説から始まった。レーシングドライバーは、走りなれたサーキットでは視覚を使わなくても走れるのでは？　一般道を走るとき、ドライバーは道の方向を認識したり、信号や交差点の様子を確かめるために視覚を駆使している。でもレーシングドライバーにとって勝手知ったるサーキットでは、自分のマシンの位置情報を更新するとき以外、視覚を使う必要はないかもしれない。そんな仮説を検証するために、研究者グループはF3ドライバーのトマス・シェクターに協力をあおぎ、レスターシャーにあるサーキット、マロリー・パークを走ってもらった。[*7] ハンドルを握るシェクターのヘルメットには、二台の小型カメラが装着された。一台はヘルメット上部で前方の風景を撮影する。もう一台は顔面をおおうバイザー部分に取りつけられ、シェクターの目の動きをとらえる役目を果たす。カメラはコンピューターとつないで、走行中にドライバーがどこを見ているか記録できるようになっていた。

事前の予測どおり、高速でサーキットを走っているときのシェクターは、視覚にほとんど頼っていなかった。一般道を走るときとちがって、縁石やカーブの内側といった道路の特徴にはまったくかまわず、前方のできるだけ遠いところを注視していたのだ。コースの形状が完全に頭に入っているから、いまどこを走っているかという情報だけ刻々と更新し、それに応じてハンドルやブレーキ、アクセルを操作すればいいのだろう。そして予想外の障害や問題をいち早く発見するために、視線はできるだけ遠くに向けるのである。

唯一の例外はヘアピンカーブを曲がるときだった。コーナーに入るとき、シェクターの視線はすばやく左から右に動いた。コーナリングでのブレーキは、早すぎれば時間をロスするし、遅すぎると曲がりきれずに外側にすべる。そこでフェンスや茂みを目印にして、ブレーキのタイミングをはかる。これはＦ１ドライバーも実践しているレーステクニックだ。サーキットをよく見れば、コーナーの前に「３００ｍ」「２００ｍ」「１００ｍ」という表示が出ている。

この研究結果からも、サーキット走行と一般道走行がまるで別物だということがよくわかる。サーキットを周回するレーシングカーをいくら観察したところで、公道でスピードを出しすぎるリスクは理解できないのだ。速度が上がれば上がるほど危険が増大することにドライバーが気づかないのも、ある意味納得できる。そのうえどんなに優秀なドライバーでも、自分の運転技術を過信する傾向がある。

うまいやつほど危ない

一九七〇年代のことだが、アメリカで「優良ドライバー免許」をつくろうという運動が起きた。運転技術がことのほか優れていて、事故を起こす危険性が低い「とされる」ドライバーにのみ交付される免許だ。当然、自動車保険の保険料も割引きになるはずだった。だがそんなドライバーは実在するのだろうか？　上級ドライバーが安全運転かどうか確かめるには、充分な訓練と経験を積んで、平均以上の運転技術を修得しているドライバーが実際にどんな運転をしているか調べればよい。この調査に乗りだした研究者グループは、全米スポーツカー・クラブに協力を要請した。するとフロリダ州、ニューヨーク州、テキサス州の会員で、レーシングドライバーをしている四四七人が、過去五年間の公道での事故歴、スピード違反の回数などの記録を提出してくれた。研究者チームは、このデータを一般ドライバーのものと比較してみた。[*8]

レーシングドライバーは高度な訓練を積み、運転能力も優れているから、交通違反も少ないはず——ところが実際は正反対だった。スピード違反で罰金を払った回数は一般ドライバーの二倍以上で、衝突などの事故率も高かったのだ。自動車のことを知りつくした人たちは安全運転のはず、という前提が崩れたことになる。自動車に関する豊富な知識や、車をコントロールする高い技能は、安全な走行に活かされてはいなかった。それどころか、レーシングドライバーは交通違反をしたり、事故を起こしたりする危険が大きかった。

これは四〇年前の研究だから、いまはレーシングドライバーといえどもまじめに安全運転をしているのではないか。そんな声があがるのも当然だが、あいにくこれに類する研究はその後行なわれていないため、確かめるすべがない。それでも、運転技術と安全運転が結びついていないことは先の研究で明らかだし、その状況が時代を経て変化した理由も見つからない。

高度なテクニックを誇るレーシングドライバーでさえ、速度と安全の関係を理解していないようだ。一般的な道路走行では、速度はリスク要因としてどう認識されているのだろう。前に紹介したように、スピード違反で検挙されたドライバーは、制限速度を超えても危険とはかぎらないと話していた。だがほんとうにそうだろうか。

スピードと衝突事故

そこでイギリスにある交通研究所の研究者たちは、スピードと事故の関係を探ることにした。[*9] 道路を走る車の速度をスピードガンで計測し、ナンバープレートを記録する。後日、運転免許庁のデータから車の持ち主を割りだして、過去の衝突事故を問うアンケートに回答してもらった。

一万人を超えるドライバーから寄せられた回答を集計すると、車の運転を覚えてから平均して四年に一度は衝突事故を起こしていることがわかった。道路ぎわで測定したスピードと突きあわせると、結果は一目瞭然。走行スピードが一パーセント上がるごとに、高速道路での事故は一三パーセント、それ以外の道路での事故は八パーセント増えていた。わかりやすく換算すると、制限速度七〇マイル(一一三キロ)の高速道路を七二マイル(一一六キロ)で走っていると、平均して三年に一回は事故を起こすということだ。多くの人は免許を取得してから五〇年以上は運転するので、そのあいだの事故件数はかなりのものになる。たった二マイル速度が上がっただけで、事故の危険性がこれだけ高くなるのだ。そこで思いだされるのが、この章のはじめのほうで紹介したハンドルの持ちかたと平均速度を調べた調査だ。片手あるいは手ばなし運転の車は、両手運転の車より平均速度が一キロ速かった。

ここで指摘しておきたいのは、ハンドルの手の位置と速度の箇所でも触れたように、同時に起きている二つのことをすぐ因果関係に結びつけてはいけないということ。スピードを出す運転者は事故が多いからといって、スピードの出しすぎが事故の原因と決めつけるのは早計だ。注意力の低い人が事故を起こしやすく、「なおかつ」制限速度を守らないという見かたもできる。だからこの調査結果だけでは、速度が上がれば事故が増えると結論づけることはできない。ただし、衝突事故をめぐるほかのデータと考えあわせれば、少なくともスピードの出しすぎが一因になっている可能性は高い。

そもそも衝突事故はひとつの原因で起きるような単純なものではなく、不運がいくつも重なった結果だ。たとえば高速道路で、車の死角（サイドミラーに映らないところなど）をよく確認しないで車線を変更する。ほかに車が走っていなければ、これだけでは事故にならない。背後に車がいたとしても、危険を回避してくれれば問題なし。だが、もしその車のドライバーがカーナビの画面を見ていたら？　しかもスピードを出しすぎていたら、危険に気づいて対処できる時間がそれだけ短くなるわけで、衝突は避けられない事態となる。

　そうなると研究結果が示唆するように、やはりスピードの出しすぎは危険を増大させると言っていいだろう。ではなぜ、そうした自覚もなく能天気に走るドライバーが多いのか。その理由は、車の運転があまりに日常化しているからだ。衝突事故はめったに起きないので、スピードを出すことと、衝突の危険が増大することがドライバーのなかで結びついていない。だからドライバーはスピードを出したがる……あれ、そうだっけ？　危険への無理解や過小評価は、たしかにスピード走行をする理由のひとつだが、そもそもなぜスピードを出したがるのかという説明にはなっていない。スピード走行のプラス面とマイナス面を天秤にかけるとしたら、危険はマイナス面の要素。プラス面、つまりスピード走行の効用についてはまだ手つかずだった。ということで、心理学者グレアム・ホールの研究を取りあげよう。彼が著書『運転の心理学（*The Psychology of Driving*）』で示唆していることは実に興味ぶかい。[*10]

スリルは終わらない

変化に富んだ強烈な体験をほしがる傾向を、心理学用語で「刺激欲求性」が高いと表現する。刺激的な体験のためなら、大きなリスクも引きうけるのだ。刺激欲求性が高い人が好んでやりたがるのが、ロッククライミングやスキューバダイビング、ハンググライダー、スカイダイビングだ。そうした人はスリル満点の体験を大いに楽しめるいっぽう、退屈な状態に耐えられないし、自制がきかない傾向にある。[*11]

スピード走行に惹かれる理由として有望なのが、この刺激欲求性だとグレアム・ホールは主張する。刺激欲求性は女性より男性のほうが高く、また男性は女性より運転中にスピードを出す傾向にある（前出の調査にあったように、スピード違反で捕まったドライバーは男性が大多数だった）。刺激欲求性と危険運転に相関性があることも研究でわかっている。ただし関係はそれほど強いものではなく、ハイスクールの生徒で刺激欲求性の高い者は、そうでない者より時速八〇マイル（一二九キロ）を出す可能性が高いという研究結果があるだけだ。とはいえ調査対象になった生徒の八〇パーセントが、時速八〇マイル以上を出したことがあると認めていたと聞くと穏やかならぬものがある。スピード走行は誰もがやることで、刺激欲求性が高い者だけの話ではなさそうだ。

スピード走行に惹かれるのは、刺激欲求性が高いから。この説明は一見すると合理的だが、実際は刺激欲求性が低い人でもスピードを出している。この事実を踏まえて、刺激欲求性は危険運転やスピードの出しすぎを部分的にしか説明できないとグレアム・ホールは結論づけた。だが私はさらに一歩進んで、刺激欲求性はそもそも理由になっていないと考える。スピード走行がスリルと興奮にあふれ、人を惹きつけてやまないのはなぜか。刺激欲求性は、その問いへの答えではないのである。

自動車マニア向けの雑誌や、世界中で放映されているテレビ人気シリーズ『トップ・ギア』といった「自動車文化」の世界では、運転技術と合わせて猛スピードで飛ばす楽しさが大いに強調されている。だが私がこれまで紹介してきた研究に、スピードを出す楽しさに言及したものは皆無だ。それでもスピード走行の魅力を少しでも理解するために、「楽しみ」を心理学的に掘りさげてみたい。

ハンガリー出身の心理学者ミハイ・チクセントミハイは、楽しみの心理学としてフロー理論を確立した人物だ。[*12] その発想のもとになったのは、経験サンプリング手法を用いた心理学研究だった。具体的には、無作為な時刻に音が鳴る電子装置を被験者に一日だけ、あるいは数日にわたって携行させ、音が鳴ったときに何を考え、何をしていたかくわしく記録してもらう。こうしてさまざまな経験をサンプリングして、人びとの行動と感情のつながりを見いだしていくのだ。

フロー理論によると、目新しさと課題を克服した達成感が楽しい気持ちをつくっている。[*13] ここで重要なのは課題がどれほど困難かということ。絶対確実ではないけれど、達成できる見込みがあれば、課題をこなすことが楽しいと思える。ほかのことはすべて忘れて、課題に没頭し、熱中しているときの感覚が「フロー」だ。フロー状態のときは、課題に挑戦しつつも成功への確信があり、熱中度と楽しさはけたはずれで、時間が矢のように過ぎていく。チクセントミハイが行なった経験サンプリング実験では、被験者がフローを感じると報告したのは車を運転しているときが多かった。[*14]

ただ運転と言ってもいろいろで、楽しい運転もあればそうでない運転もある。渋滞した道をのろのろと進むだけの市街地の運転は退屈だし、変化のない道路をえんえんと走る長距離ドライブともなると、ドライバーは注意散漫になって白昼夢を見るかもしれない。

退屈なドライブ

一九六〇年代に活躍したアメリカのバンド、ラヴィン・スプーンフルのヒット曲「デイドリーム」ではないが、運転中の白昼夢は心理学的にも大いに興味をそそるテーマだ。とはいえ、具体的な実験方法が思いつかない。運転中の被験者が都合よく白昼夢の状態になってくれるのか。またその状態をどうやって数値に表わすのか。

イリノイ大学の研究チームは、そんな問題を軽々と乗りこえる方法を考えだした——高精細の没入型運転シミュレーターを使うのだ。*[15] 実験室にほんものの自動車を設置して、ハンドル、ブレーキ、アクセルをコンピューター制御にする。さらに三六〇度スクリーンで囲み、道路や風景を投影できるようにした。私もイギリスの交通研究所で同様のシミュレーターを使ったことがあるが、実際の運転と気味悪いぐらい同じだった。

シミュレーターに入った被験者は、あえて退屈きわまりないドライブをさせられる。道路はまっすぐで、対向車は一台も来ない。前方を走る車とは、安全な車間距離を保つよう指示される。後方車も来るので、バックミラーを定期的に確認しなくてはいけない。ときおり吹いてくる横風が唯一の変化だ。おあつらえむきの設定で、被験者はあっというまに白昼夢状態に陥る。ぼんやりしてきたと感じた被験者はハンドルのボタンを押すのだが、平均すると一時間に五・七回押されていた。約一〇分に一回は白昼夢状態になっていた計算だ。横風が吹いているあいだは少しだけ頻度が落ちたが、これも予想どおりだ。

白昼夢状態の影響を調べるために、ボタンを押す前後九秒間の運転パフォーマンスを分析したところ、おもしろいことに平均速度や車間距離は変化なし。車線を逸脱することもないし、道路の遠方や手前もきちんと見ている。ちがうのは一定速度で走りつづけることだ。ふつうなら周囲の状況に合わせて速度をこまめに上げ下げするなど、微調整を行なうところだ。そして白昼夢状態の最大の特徴は、サイドミラーを確認する回数が減り、まっすぐ前だけ見る時間が長いことだった。

この研究では、運転中の白昼夢状態はわずかながら危険が高まるという結論に達した。前ばかり見ているということは、周囲に注意を払い、道路の状況を確かめることが少なくなるわけだ。となると近くを走るほかの車に気づきにくくなり、ぶつかる危険が増大する。この研究は、運転中に実践するべき具体的なアドバイスを教えてくれる。いま白昼夢だったと思ったら、まずミラーを確認しよう！

もちろん運転シミュレーターは実際の運転と同じではない。これはシミュレーターなのだから、事故になっても車や自分が傷つく恐れはないという被験者の意識が微妙に影を落としているのは事実だろう。反対に、シミュレーターがつくりだす仮想環境にすっかり没入してしまうこともある。私もシミュレーターで運転しているとき、道路が終わり、真っ白で何もない領域に入ったことがある。私は車を止めてドアを開けた。振りかえると、後方から轟音を立てて走ってきた乗用車やトラックは、次々と白い世界に入ったと思うと消えていった。

台湾のバイク野郎

運転にはわくわくする楽しさがあるが、すごく退屈なときもある。この事実を知ることで、スピード走行の隠れた効用に迫ることができそうだ。とくにフロー理論とのからみで注目したいのは、「楽しさ」と「挑戦」という二つの要素だろう。挑戦のハードルが低いと、フロー感覚（楽しさ）も薄まる。そこで考えたいのは、退屈なこともあえてハードルを上げれば楽しくなるのかということだ。スピードを出すことは、挑戦のハードルを引きあげようとする意志の表われだろう。なるほど速度が上がれば、ドライバーは道路環境に迅速に反応しなければならない。スピード走行は危険であるがゆえに、挑戦のハードルが上がり、それが楽しさへとつながる。これが隠れた効用と呼べるかもしれない。そのことを明確に示したのが、台湾で行なわれた研究だ。[*16]

研究者チームは、男性中心のオートバイ乗り二七七名を対象にアンケートを実施した。「オートバイに乗るのが楽しい」「オートバイに乗っているとき、可能であればスピードを出す」といった設問に答えるもので、フロー理論や、スピード走行の意志や経験、刺激欲求性を問う内容になっていた。

回答を分析すると、スピードを出すことへの説明としていちばん的確だったのは、「楽しさ」と「挑戦」だった。この二つを強く感じるライダーほど、制限速度を守らないと答えていた。刺激欲求性が高い人はさらにその傾向が顕著だった。運転が簡単すぎると感じてスピードを上げるのは、退屈している証拠であり、退屈をまぎらわせる手段なのだ。少なくとも刺激欲求性が高い人は、そうした行動をとる。

ドライブの終わりに

この章では、映画やドラマ、そして現実世界でのスピード走行の魅力について取りあげ、その魅力の根底にあるものを科学的に説明してくれる研究をいくつか紹介した。アクセルを踏みこむことに、どんな効用があるのか探ってみたわけだ。スピード違反で捕まった人を調べると、偶発的に速度超過をした人もいれば、意図的に制限速度を超えた人もいた。伝説のレーシングドライバー、スターリング・モスを襲ったクラッシュと、臨床心理士の協力のもと彼が回復していく経緯にも触れた。レーシングドライバーのヘルメットに取りつけたカメラの映像から、レース走行と一般道を走るのはまったく別物であることもわかった。基本的なレベルを超えた高度な運転技術があるからといって、安全運転になるわけではない。ハンドルの持ちかたで、ドライバーのタイプがわかる。そして実用的なアドバイスも提供している——運転中にぼんやりして我に返ったときは、まずミラーで周囲を確認すること！

スピード走行の効用を探るなかで、刺激欲求性では説明できないことが明らかになった。スピードを出すことがなぜ刺激になるのかという新たな疑問が生まれるからだ。「楽しみ」の心理学、具体的にはフロー理論で考えると、スピード走行は、挑戦のハードルを引きあげることで退屈を克服する手段とも言える。

スピード走行がたまらない魅力に感じるのは、衝突事故の危険に対する認識がなく、退屈なドライブをもっとおもしろく、楽しくしたいと思う運転者だ。とすれば、スピードの出しすぎが危険であるという知識を普及させ、同時に運転をおもしろくする別の方法を考案すれば、楽しさを損なわずに公道の安全性を高めることができそうだ。だが、運転者の興味と挑戦意欲をかきたてる斬新かつ安全な方法はあるだろうか。それをひねりだすのも挑戦だ。

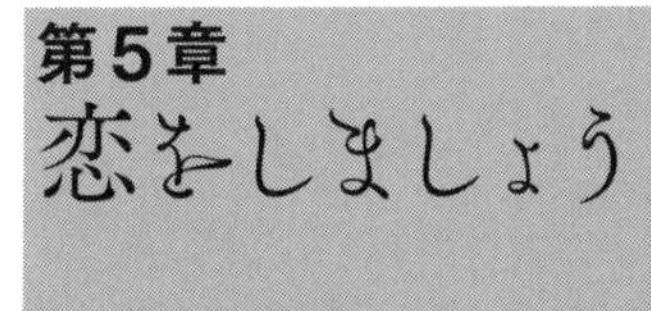

第5章 恋をしましょう

Fancy that

あなたには、お気にいりの歌がありますか？　その歌の歌詞には、愛や恋といった言葉が入っていますか？　最初の質問の答えがイエスなら、二番目もきっとイエスだろう。歌の世界では、愛とそれにまつわる物語は不朽の題材だからだ。とりわけ一九六〇年代から八〇年代は「愛」を扱った歌が花ざかりで、ポピュラー音楽のヒットチャートを主題別に見ても断然トップだった。九〇年代に入ると様相が変わって、愛は第三位に転落。その後も凋落は止まらず、ついに第九位にまで下がってしまった。それでもトップ一〇には入っているわけで、ポピュラー音楽の世界で愛が不滅であることがよくわかる。でもその愛は、あなたの想像からはちょっとちがうかもしれない。愛という言葉がよく登場するのは、前向きで明るい曲、それとも暗い悲観的な曲？

ノースカロライナ州立大学の広告学研究者チームが、一九六〇年から二〇〇九年の五〇年間にヒットチャート一位になったすべての歌を対象に、歌詞をコンピューターで分析した。[*1]　全九五六曲に使われていた単語は一万五五六語。そのなかで「love」が最も重要な単語であることはまちがいなかったが、曲のなかで愛は強く求めるものではなく、むしろ失うものだった。たとえば一九六一年七月に一位になったデル・シャノンの「悲しき街角」の歌詞は、「ぼくは雨のなかを歩く／涙がこぼれ、心が痛い」だし、二〇〇九年にイギリスの四人組JLSが出した「エブリバディ・イン・ラヴ」の歌詞は、「みんな行ってしまったら、どうやって生きていけばいいのか」と嘆いている。

ポピュラー音楽ごときで人間の感情をおしはかるべきではない？ あいにく私はその意見に反対だし、ノースカロライナ州立大学の広告学者たちも同感だろう。消費者の心をつかみ、財布を開かせる広告をつくるには、感情が大きくものを言う。コマーシャル制作の関係者があらゆるジャンルのポピュラー音楽に注目するのは、実際のところ効果があるからだ。広告が飽きられて効果がなくなることを専門用語でウェアアウトと言うが、音楽は広告がウェアアウトして忘れられるまでの時間を引きのばしてくれる。ポピュラー音楽の歌詞を分析したのが広告学の研究者なのはそのためだ。だが、恋愛が題材になるのは明るい歌より暗い歌が多いという分析結果はほんとうだろうか？

人は恋に落ちると心臓がドキドキして身体が震え、食欲がなくなる。性的なものも含めて感情が喚起され、天にものぼる心地になる。愛しい人のことが頭から離れず、いつもいっしょにいたくてたまらないところは、ほとんど強迫観念だ。そうした欲求がかなえられないときの不満は底しれない。

ポピュラー音楽の歌詞分析を見ると、恋は喜びというよりむしろ重荷であることがわかる。「きみの手を握りたい」ではなく、「この胸が張りさけそう」なのだ。恋愛を科学的に掘りさげるこの章で注目したいのは、実はこのように妄想に支配された負の側面だ。恋は思ったほど楽しいものではなく、むしろ害になりかねないことをここで見ていきたい。

恋とタバコ

この人とひとつになりたい——そんな恋愛感情は、おとなになるころにはほとんどの人が体験している。恋愛がいかに普遍的な現象であるか具体的に示してくれたのが、ネヴァダ大学とテュレーン大学の人類学者チームだ。アフリカ南部、カラハリ砂漠の狩猟採集民から、アマゾンのジャングルに生きるヤノマミ族、北極地方の牧畜民、一一世紀の中国に栄えた宋(そう)まで、一六六の社会の文字資料をくわしく分析した。*2「燃えさかる心」「多情な性格」「長びく愛と絶望」などといった表現があれば、恋愛が存在する文化だと判断する。その結果、対象となった社会の八八パーセントで、恋愛の存在をうかがわせる言語表現が少なくとも一例は見つかった。残りの社会は、そうした証拠が不在だっただけで、恋愛の存在を否定する明解な証拠があったわけではない。恋愛を阻止するとか、恋した人間を排除するような社会は皆無だった。この研究から、恋愛は世界のどの文化にも存在するものであり、人間らしさを決定づけるひとつの側面だと考えることができる。

恋愛が人類に普遍的なものだとすれば、心理学など人間の行動を探る科学が恋愛をテーマにするのも当然だ。一九七〇年代、心理学者ドロシー・テノヴが我を失うほどの熱烈な恋愛を「リメレンス」と名づけ、『愛とリメレンス——恋におぼれる体験（*Love and Limerence: The Experience of Being in Love*）』という著書を発表した。あいにくこの言葉は、広く定着するには至らなかった。言葉の由来が類推できないし、適当に音節を組みあわせただけで発音も気持ちよくないからだろう。

恋愛を科学的に研究するひとつの方法は、実際に恋している人に気持ちを語ってもらうことだ。その目的で一九八〇年代に開発されたのが、「熱愛尺度」だ。[*3] 次のような設問が全部で三〇ある。

- 〇〇さんから愛されたいという私の気持ちにはきりがない。

・〇〇さんの目をじっと見つめていると、私は虜にされそうだ。
・もし、〇〇さんが私から離れていったら、私は絶望するだろう。
〔東海学園大学人文学部・椙山女学園大学文化情報学部が作成した日本語版熱愛尺度から引用〕

回答者はそれぞれの設問について、「まったく当てはまらない」「当てはまる」「よく当てはまる」の三段階で答える。実にローテクではあるが、有効な手段として長年活用されている尺度だ。セントラル・フロリダ大学の心理学者チームもこの恋愛尺度を使って、年代の異なるアメリカ人男女を対象に恋愛体験を調べてみた。[*4] すると事前の予想を裏ぎって、男女ともにすべての年代が恋愛をしていることがわかった。

恋に文化や年齢の壁はないなんて、すてきなことじゃないか。そんな声が聞こえてきそうだが、私は賛同しかねる。喫煙者はタバコが生きる喜びを与えてくれると言うが、そのせいで寿命は何年か縮まっている。恋にもそんな矛盾があって、生きる喜びを実感できるいっぽう、恋のせいで人生が耐えがたいものにもなる。恋とタバコを同列に扱うなんてどうかしている？　そう思われるなら、タバコと同じく恋も避けるべきだと私が主張してもけっこうだ。恋愛を科学的に探究すれば、おのずと多くのことがわかってくる。まずは恋と呼ばれるものがただの幻想にすぎないことを科学的に証明しよう。

陽気なサクラ、不機嫌なサクラ

一九六〇年代初頭、コロンビア大学の心理学者チームがある実験を行なった。[*5] 被験者は、目が良くなるサプロクシンというビタミンを注射される。だがサプロクシンというのはでっちあげの名前で、実際に投与されたのはアドレナリンだった。注射針が被験者の腕に刺さり、ピストンに押しだされたアドレナリンが体内に入って血管を駆けめぐると、たちまち反応が起きる。血圧と心拍数が上昇して顔がほてり、身体が震えて呼吸が浅く、速くなって、被験者は自分の身体に何が起きたのかと思いはじめる。

被験者は二人一組になって部屋に案内され、質問票に記入するよう指示される。ところがここで被験者のひとりが奇妙な行動を取りはじめる。紙を丸めたボールを投げたり、紙飛行機を飛ばす。ぱちんこを撃ったり、フラフープで遊んだり。質問票の内容に激怒して、「二五番に答えるなんてまっぴらだ」「冗談じゃない、こんな質問に答える必要ないだろう」とわめきちらす者もいる。種明かしをするなら、大騒ぎするこの被験者は実験者が仕込んだサクラだ。もうひとりの被験者にばれないよう細心の注意を払いながら、実験者の指示どおりに行動しているのである。

それにしても、この実験は何のために行なったのか。

研究者チームが探ろうとしたのは身体と精神の相互作用である。人間の情動は心理面と生理面のどちらが先なのかという「卵が先か、ニワトリが先か」問題だ。強い恐怖に襲われると、みぞおちのあたりが締めつけられる感覚がある。この情動反応は、精神的に恐怖を感じた結果起こるのか。それともみぞおちが苦しくなったのを察知して、それを恐怖と解釈したのか。

コロンビア大学の研究者たちは、後者ではないかと考えた。被験者にビタミン剤と偽ってアドレナリンを投与し、生理学的に喚起された状態をつくりだす。ほんとうの理由を知らない被験者は、アドレナリン投与後に遭遇したことを原因と解釈するのではないか。彼らの予想は当たった。ふざけて遊ぶサクラと同室になった被験者は、気分も行動も陽気になった（いっしょに紙飛行機をつくって飛ばす者さえいた）。不機嫌なサクラといっしょになった被験者は、自分も怒りを感じた。

この実験からわかるのは、人間の情動の感じかたは、私たちが思っているのと逆だということだ。卵とニワトリで言うならば、生理的な変化が先にあって、それに心理的な情動のラベル（楽しい、腹が立つなど）がくっついたことになる。つまり心理的な側面とは、身体反応や周囲の変化への解釈にほかならないのだ。だが多くの人は、自らの精神活動がそういう仕組みだとは思っておらず、心理面こそ絶対上位にあると信じている。実際は身体的反応に導かれて精神が変化しているというのに、これはどういうことなのか。さらに恋愛とのからみで考えると、どんなことがわかるのか。そのあたりを探るために、カナダにある国立公園に向かうとしよう。

恋とめまい

カナダのブリティッシュ・コロンビア州、キャピラノ川に吊り橋がかかっている。長さ一三七メートル、高さ七〇メートルのワイヤーケーブルの橋で、一九世紀末に敷設された。頑丈なつくりではなく、すぐに傾いたり揺れたりするうえに手すりが低い。ちょっとしたはずみで、はるか下の急流に転落しそうな怖さがある。スリル満点の吊り橋なので、ヴァンクーヴァーでも人気の観光地のひとつだ。カナダの心理学者チームが興味ぶかい実験の舞台に選んだのが、この吊り橋だった。*6

この実験では、男性の被験者に吊り橋を渡ってもらう。すると反対側から心理学科の学生だというかわいい女の子がやってきて、観光関連のアンケートに回答してほしいと依頼してくる。被験者が記入を終えると、女子学生はこのあと時間があればもっとくわしい説明をしたいと言い、回答用紙の端っこをちぎり、自分の氏名と電話番号を書いて渡すのだ。比較のために、小川にかかる高さ三メートルの木造の橋でも同じ実験を行なった。こちらは手すりも高いしっかりした橋だ。さて、被験者のうち何人が女子学生に電話をしてきただろう？

目もくらむ高さでアドレナリンが出まくる吊り橋を渡った被験者は、半数が電話をかけてきた。いっぽう低くて安心な橋を渡った被験者は、一二パーセントしか電話してこなかった。かなりの差ということになるが、このちがいはどう説明するのか。この実験の被験者は、知らないうちにアドレナリンを注射されたのと同じ状況にある。ただし外から注入されたわけではなく、高さへの恐怖で体内で自然に分泌されたものだ。前に紹介した実験

キャピラノ吊り橋

と大きくちがうのは、上機嫌・不機嫌といった感情ではなく、恋愛感情や好意に的をしぼったところだ。前の実験では、アドレナリンが引きおこした身体の喚起状態を、被験者は喜びや怒りといった感情に誤って解釈した。この吊り橋実験でも、恐怖の吊り橋を渡ることで喚起された状態が、相手への恋愛感情につながる好感にすりかわったのである。

恋の始まりは心の奥深くの化学反応ではなく、高くて怖い吊り橋がきっかけだったとすれば、私たちが恋と呼ぶものはいったい何なのか。被験者の男性たちは、情動が高まったことを誤解したがゆえに好意を示す明確な行動に出た。恐怖が恋にすりかわることを証明したこの研究は、愛の本質が幻想であることを科学的に教えてくれている。もっとも恋という偽りの幻想をつくりだすのは、高い吊り橋だけではない。

平均の法則

魅力的な顔とはどんな顔のこと？　古くから人びとが抱いてきた疑問だが、あまりに主観的すぎて科学的に答えを出すことはできないと考えられていた。それでも化粧品や美容整形といった巨大市場を持つ業界は、外見の魅力になみなみならぬ関心を寄せる。魅力的な顔には何らかの特徴があるはずだと誰もが思うが、実は正反対であることが最近の研究でわかってきた。

イギリス出身のカーラ・デルヴィーニュ（写真）は個性的な顔だちが売りのスーパーモデルだが、好まれる顔を調べた過去の研究では、平均的な顔のほうが印象に残るという結果が出ている。膨大な数の顔写真をもとに作成した「平均顔」は好感度がきわめて高い。[*7] しかもサンプル数が多ければ多いほど、できあがった平均顔の評価は上昇する。だからすてきだと思う人に出会ったら、とても平均的な顔ですねというのがいちばん正直なほめ言葉だ。もちろん相手が喜ぶかどうかは別だが——正直が最善策とはかぎらない。

魅力的な顔かどうかは、平均性のほかにもうひとつ重要な要素で決まる。左右対称性とか、若々しさ、肌の明るさやなめらかさと思いきや、そうではない。もっとありきたりで、運命の相手とか、魂どうしの出会いといったロマンティックな恋愛観からかけ離れたものだ。

ダブリン大学トリニティ・カレッジの心理学者チームが、とてもシンプルな調査を実施した。[*8] 男女の被験者にいろんな女性の笑顔の画像を見てもらい、それぞれの魅力度を評価させる。表示される画像は一回きりのものもあれば、六回出てくるものもある。すると、繰りかえし見せられた画像ほど評価が高いという結果になった。見なれた顔はうんざりするかと思いきや、むしろ正反対なのだ。

繰りかえしの接触は好感度を引きあげる。この傾向は心理学では「単純接触効果」と呼ばれ、顔だけでなく写真や音、形状、名称、さらには造語まで、以前に接したことがあるものは好ましく感じる。シェフィールド・ハラム大学が行なった実験では、ユーロヴィジョン・ソング・コンテストのような権威ある催しでも、この効果が見られることがわかった。[*9]

ユーロヴィジョン・ソング・コンテストは参加国が年々増えている人気イベントだ。規模が大きくなりすぎて、二〇〇四年からは参加回数の少ない国だけで準決勝が実施されることになった。長い出場歴を誇る国は準決勝が免除され、いきなり決勝に進むことができる。そのため審査員は、一部の参加国の演奏を準決勝と決勝の二度にわたって聴くことになった。審査結果を分析したところ、準決勝出場国ほど得点が高くなる傾向が明らかにな

カーラ・デルヴィーニュ

った——まさに単純接触効果だ。

つまりあなたが恋に落ちる相手は、世界にひとりだけの運命の人でもなければ、一度見たら忘れられない個性的な美貌の持ち主でもない。ちょくちょく顔を合わせているだけの人なのだ。慣れ親しんだものを好むのは、人間が持っている基本的な性向だ。一九八〇年代のバンド、イマジネーションのヒット曲「ジャスト・ア・イリュージョン」には「いつでも自分の気持ちに正直になれ／それはほんとうに魔法のしわざ？」という歌詞が出てくる。相手に魅力を感じれば、それが恋の第一歩。でもそれは魔法ではなく、単純接触効果のなせるわざだ。やはり恋はただの思いこみということか。

これほどあやふやなものなのに、なぜ私たちは恋を大切に思うのだろう。それはきっと、恋の正体がつかみにくいからだ。人を好きになった瞬間を見きわめるのはむずかしいし、恋とは何だろうと考えても、明確な答えは見つからない。恋が感情と密接に結びついていることはまちがいない。恋が順調なときは、喜びと愛情をいっぱいに感じて、期待に胸がふくらむ。だが恋以外の経験でも、同じ気持ちになることはある。恋のジェットコースターが急降下すると、今度は怒りや嫌悪や悲しみに打ちのめされるが、これも恋以外の状況で体験することは可能だ。恋でなくては味わえない感情など存在しないのなら、では恋とはいったい何なのか？

恋ってなあに？

脳のなかで、恋をしたときに活発になる場所が明らかになれば、科学的な視点から恋を理解することができそうだ。脳の仕組みや構造ごとの働きについては、かなりくわしいことがわかっているので、「恋ってなあに？」という根源的な問いにも答えが見つかるかもしれない。恋はひとつの独立した感情なのか、それとももっと根源的な感情の集まりなのか。「ラヴ・イズ・ザ・ドラッグ」といえば、ロキシー・ミュージックが一九七五年に飛ばしたヒット曲だが、このタイトルがほんとうかどうかも確かめたいところだ。薬物中毒があるように、恋愛も中毒になる？

心理学の視点から「恋愛脳」を調べることにしたのが、ニューヨーク州立大学ストーニーブルック校の研究者チームだった。[*10] 研究を開始するにあたり、まずはのぼせあがっている人を見つけなくてはならない。アメリカ東海岸の住民はひと筋縄ではいかない人が多いが、そこは人口の多いニューヨークのこと。新聞に被験者の募集広告を打ったらすぐに集めることができた。研究センターにやってきた被験者は、第1章で紹介したｆＭＲＩに入った状態で二枚の写真を交互に見せられる。一枚は恋人の写真、もう一枚は恋人と同性・同年代の友人の写真だ。それぞれの写真を見たときの脳をfMRIでスキャンし、愛しい恋人と友人に対する反応のちがいを比較する。

この実験ではおもしろい結果が出たのだが、その前に脳の構造と働きについておさらいしておこう。大切なのは、「皮質」と「皮質下領域」を区別することだ。皮質は脳のしわだらけの表面部分で、進化の順番では比較的新しく発達したところだ。問題解決のような知的活動をもっぱら行なっている。これに対して皮質下領域は脳の奥深いところにあって、うれしい、悲しいといった生の感情が湧きあがるときに活発になる。系統発生論で言うと、皮質下領域は皮質より古くから発達していたことになる。情動に直接かかわる皮質下領域は旧脳、知的活動を行なう皮質は新脳と理解すればいいだろう。

さてニューヨーク州立大学の実験では、被験者が恋人の写真を見たときは、旧脳と新脳のどちらも活発になった。交際期間が長い相手ほど新脳が活発になり、なかでも前頭葉と側頭葉の活動が顕著だったので、記憶、親しさ、注意といった知的処理がさかんに行なわれていたと推測できる。こうした処理は恋人を認識するときに必要なもので、これがないと恋愛関係は前進しない。

旧脳のほうでは、尾状核をはじめとする皮質下報酬系、それに腹側中脳というドーパミン作動性神経細胞群が活発になっていた。これらの報酬経路は、セックス（第1章）や薬物（第2章）、それにチョコレートを食べるとか、お金をもらうなど、多くの人が楽しいと思う刺激があると反応する。

ここで「愛とは何か」という疑問に戻ると、この実験結果は謎ときに大いに役だつ。脳内には「恋愛中枢」のような場所があるわけではなく、恋をして活発になるのは脳の報酬経路だ。これは恋愛にかぎらず、人が「気持ちいい」と感じるさまざまな行為や経験に反応する。だから恋愛は単一の感情というより、目標指向の感情状態ととらえるほうが正確だ。つまり恋愛はそれほどロマンティックなものではないということ。「ぼくのなかにある目標指向の強い感情状態を、きみがかきたてるんだ」と言われても、恋人はちっとも喜ばないだろう。そのうえ恋愛はそれ自体が最終目的ではなく、生殖と種の存続につなげるための行動手順でしかない。心や魂がどうこうというより、下世話なものなのだ。だまされた！

恋をすると、チョコレートやお金やコカインと同じ報酬経路が活発になる。愛は妙薬という言いまわしに科学的なお墨つきが与えられたわけだ。「ラヴ・イズ・ザ・ドラッグ」と歌ったロキシー・ミュージックのブライアン・フェリーは正解だった。実際のところ、恋愛と薬物は共通点が多い。この章の最初のほうで、私は恋愛とタバコを同列に語っていたが、それもあながち的（まと）はずれではなかった。

恋と薬物が似ているとなると、新たな疑問も浮かんでくる。薬物が問題なのは、望ましくないというか、ときに有害な副作用があるからだ。アルコールは二日酔いになるし(第2章)、大麻は強烈な空腹感に襲われる。一部の処方薬は眠気を誘発する。薬物でハイになっているのと同じ状態が恋だとすれば、やはり困った副作用があったりするのだろうか?

恋わずらい

恋と聞いて思いうかぶのは、どんな情景? 手をつなぎ、おたがいの目を見つめあって幸せそうにほほえむ恋人たち? 恋愛に関して、私たちはうるわしい理想像を描きたがるし、その傾向は科学的な研究でも明らかになっている。前に紹介したニューヨーク州立大学の実験では、恋人と共有した特別な時間を被験者に具体的に思いうかべてもらい、そのときの脳もスキャンした。ある被験者は、夜中の三時に恋人とコンビニエンスストアに行ったときのことを思いだした。ふつうならやらないようなことが、恋しているときはロマンティックになる。

けれども、恋愛は楽しいことばかりではない。思春期にはじめて恋をしたときのことを思いだしてほしい。誰かを好きになって、抑えきれない喜びに舞いあがるいっぽうで、よるべない不安な気持ち、焼けつく嫉妬心がたえず襲ってくる。ポピュラー音楽の歌詞を分析すると、明るい歌より暗い歌のほうが多いという前出の研究結果もうなずける。恋しているときの感情は、プラスやマイナスに大きく振れるのだ。それを測定しようと試みた研究もある。

テヘラン医療科学大学の研究者チームは、学生の被験者を集めて恋愛について次のような質問をした。[*11]

- いま恋をしていますか？
- 恋人のことを頻繁に考えますか？
- 恋人のことを思って心が乱れますか？
- 恋人のことを考えずにいられますか？

さらに、精神科の診断に用いる質問票でうつと不安のレベルも調べたところ、恋愛度が高い被験者ほど、うつと不安の傾向が強く現われた。これは驚くべき結果だろうか？

まさか。恋わずらいの苦しみは誰もが経験していることだ。なにしろ古代ギリシャの哲学者プラトンに「深刻な精神病」と呼ばれ、その師ソクラテスには「狂気」のレッテルを貼られたほどだから歴史が長い。被験者の回答に耳を傾けたテヘラン医療科学大学の研究者たちは、洞察鋭い分析を行なった。恋をすると、自身のやっかいな感情だけでなく、あまり親しくない人間の感情にも対処しなければならないというのだ。当たり前のことだが、人は恋する相手を深く知りつくしているわけではない。情熱、興奮、思い入れ、嫉妬といった感情をうまく操り、あえてリスクを冒し、自分をさらけだし、何の保証もない未来に向きあわないと、新しい関係は前進しない。人生の共通の目的を見つけたり、セックスやお金、友人や家族とのつきあい、場合によっては宗教観まで、おたがいの考えをすりあわせることも必要になる。こんな複雑で厳しい作業をこなすのだから、精神的にはかなりの負担だろう。

テヘラン医療科学大学の研究は聞きとり調査にもとづいており、基本的には相関研究ということになる。第2章で述べたように、相関する二つの要素――この場合は恋愛とうつ――が同時に起きているからといって、両者に因果関係があるとはかぎらない。恋がうつ状態を引きおこすのか、うつが恋を呼ぶのか、あるいは第三の要素が原因となって恋とうつを起こすのか。ただしそうした背景を踏まえても、この研究は恋の不幸な側面を的確に示しているし、恋愛で精神の健康がむしばまれる可能性も教えてくれる。これから見ていくように、恋は精神だけでなく身体の健康さえも危うくするかもしれないのだ。

道ならぬ恋の果てに

恋愛も状況によって頭の痛い問題が出現するし、好ましくない影響もある。たとえば職場恋愛。職場恋愛を調べた研究者によると、「同じ組織に属する従業員二名が、両者とも望んで性的接近を含む関係になること」が職場恋愛の定義だという。イギリスでは約七〇パーセントの人が職場恋愛を経験しており、五人にひとりは職場で長期的なパートナーに出会っているという。そうだとすれば、職場恋愛の約四分の一が結婚にゴールインするというデータもうなずける。だが職場恋愛には思わぬ落とし穴もある。グラスゴー大学の研究者が発表した調査論文[*12]は、職場恋愛が失業につながる可能性を指摘している。それで思いだすのは、アメリカ元大統領ビル・クリントンのスキャンダルだろう。クリントンは既婚者であるにもかかわらず、現職中にインターンのモニカ・ルインスキーと双方合意のうえで性的関係を重ね、ついに弾劾裁判にかけられた。

職場恋愛の弊害については、すでに科学論文で数多く報告されている。まず生産性の低下（昼食からなかなか戻ってこない、会議をすっぽかす、遅刻や早退が増える）。えこひいきや利害の衝突、意思決定の誤りやゆがみから従業員間に不和が生じるなど。ただしこれらの悪影響がかならず生じるというわけではなく、職場恋愛を続けるために当事者が努力を重ね、かえって生産性が上がった例もある。好感度が高く人望のある二人がカップルになったことが刺激になり、職場の士気があがることもある。

それにひきかえ、不倫は周囲の関係者を不快にさせ、迷惑をかけてしまうことが断然多い。もしあなたが男性なら、科学的にも不倫は避けたほうがいい。イタリア、フィレンツェ大学の研究者チームは、男性専門の診療所を受診した患者一〇〇〇人以上の患者の問診記録を調べてみた。そこでは喫煙や飲酒の習慣、病歴のほかに、性生活についても問われていた。

- 性行為におよぶのは月に何回か。
- パートナーの性欲は以前にくらべて増えているか、減っているか。
- パートナー以外の人と性的関係を持っているか。

こんな質問を医師からされるのもどうかと思うが、この診療所の患者はあまり気にしなかったようだ。回答者の約八パーセントが、婚外恋愛をしていると答えた。年配の男と若い女という不倫の典型的な図式（クリントンとルインスキーもそうだ）のとおり、不倫をしている男性患者の年齢層は高めだった。[13]

ただ、この組みあわせが賢明かというとそうでもなさそうだ。フィレンツェ大学の調査では、不倫男性は心臓発作をはじめとする重大な心血管リスクが二倍も高かったのだ。これについては、若いパートナーとの性的接触で「余分な体力」を消耗するためと説明されている。性交渉の最中に起きる突然死、いわゆる腹上死を扱った医学研究の見解も同様だ。腹上死の件数はごく少ないが、ほとんどが犠牲者の自宅外で、婚外性交渉のときに起きている。不倫で盛りあがるのはけっこうだが、血圧まで急上昇して血管が破れたら、へたをすると死が待っている。

不倫の健康リスクは身体的なものにとどまらない——心理的な影響もあなどれないのだ。フィレンツェ大学の調査には、長年のパートナーの性欲変化に関する質問もあった。回答者は、パートナーの性的関心が薄れたグループと、変わらないグループに分かれるわけだが、両者のあいだで心臓発作のリスクに大きな差異があった。くわしく見ると、パートナーの性的関心が減少し、なおかつ自分が不倫をしている男性については、リスクは変化なしだった。リスクが増大したのは、長年のパートナーが性的関心を持ちつづけていて、自分は不倫をしている男性だったのだ。性欲が旺盛なパートナーがいながら不倫をすることに、深い罪悪感があるものと思われる。ストレスが長びくと心臓発作のリスクが高まるように、心理的な重荷は心血管系の病気を誘発しやすい。パートナーを裏ぎって不倫に走る男性は、罪の意識から健康を損ねることをこの研究は教えてくれる。

あなたが年配の男性既婚者で、妻を愛しているのなら、不倫はやめたほうがいい。手痛いしっぺがえしを食らわないためにも、そして自分の生命をなくさないためにも。新しい恋愛には手を出さないほうが、まちがいなく自分のためになる。では長く続いてきたパートナーとの関係はどうだろう。こちらは好ましい影響を与えてくれると思いきや、そうでもないようだ。

僕が64歳になっても

これまでは新しい恋の初期段階に注目してきたが、では長年続いてきた関係はどうだろう。こちらにも何か効用があるのだろうか。結婚する二人は、病めるときも健やかなるときも、ともに歩むことを誓う。結婚生活が長く続き、二人とも年齢をとって健康でいられなくなったときこそ、この誓いがものを言うだろう。世間ではどう思われているか知らないが、熱烈な恋愛から長く添いとげる関係に結実することは大いにありうる。ただしその場合は、慈愛をともなっていることが多い。同じ価値観を共有し、長い時間をともに過ごしてきた相手に抱く友情のような愛だ。ところが、この慈愛が害になるというのだ——ただし男にかぎる。

アラバマ州にあるオーバーン大学の研究者チームは、六〇代以上の夫婦を集めて「慈愛度調査」を実施した。質問はこうだ。パートナーが、自分のことはあとまわしにしてあなたの要望をかなえてくれたことはあるか。そのときどんな気持ちになったか。その気持ちをパートナーに伝えたことはあるか。

「いいえ、ありません」答えがこれだけで終わってしまった夫婦は、慈愛度が低いことになる。そのいっぽう、ある男性はこう言った。「妻はいろんなことをあきらめて、私の転勤についてきてくれました。とてもありがたくて、妻には感謝でいっぱいです」つまりこの夫婦は慈愛度が高いということだ。[*14]

しかし不思議なことに、こうした慈愛に満ちた行ないは夫婦にいびつな影響を与える。妻が夫に慈愛を注いだ場合、妻は健康になり、夫は不健康になる。逆はどうかというと、夫が妻をいつくしんでも両者の健康状態は変わらない。いったいどういうこと?

これには、老年世代にしみついている男女の役割認識が関わっているかもしれない。この世代の女性は、かいがいしく家族の世話をする良妻賢母がよしとされており、そうした世間の期待どおりに子育てに励んできた。子どもたちが巣だってからは、あふれる慈愛で夫を献身的に支えている。そうすることで女性は自分が必要とされていると感じ、自分の価値を確認できるので、幸福度が上昇する。

ところが男性は、慈愛を受けることに心おだやかではいられない。自分の健康が衰えて妻に世話をされる立場になり、夫婦の立場が変化したことを突きつけられるからだ。妻のお荷物になることが怖いし、夫としての有能感も揺らいでくる。それがマイナスの反応につながるのだ。妻に慈愛を示す夫が報われないのも、これで説明できるだろう。男性としての役割が満たされていないのだから、影響が出ないはずがない。夫に世話をされる妻が、自分を無力だとか、立場が脅かされていると感じないのも、女性は強い男性に愛され、養われるという伝統的な男女の役割分担が尾を引いているからだと思われる。夫から慈愛を受ける妻は、不安を感じるどころか、大切にされていると実感するはずだ。

長い結婚生活は男性の心身をむしばむ――これが事実だとすれば、この章で見てきたように、やはり愛には落とし穴があるのだ。愛なんて、俗っぽい理由で燃えあがる偽りの感情でしかなく、生命を奪うとまではいかなくとも、深刻な害をおよぼす危険がある。だから恋愛なんてしないのが得策――でも感情を意識的にコントロールして、恋に落ちるのを未然に防ぐことなんてできるのだろうか？

新しい趣味

世界のさまざまな国や地域の文字記録を調べた研究で、ほぼ例外なく愛に関する記述が見つかったことはすでに述べた。この章で紹介した研究論文を見ても、愛の普遍性と、愛の持つ大きな力を賛美する文章で始まっているものが多い。

「恋に落ちること、恋することは人類共通の行動である」
「人類が体験するなかで最も強力かつ高揚する精神状態、それを愛と呼ぶ」
「熱烈な恋愛は文化の垣根を超えた普遍的現象」

もし恋が普遍的なものだとすれば、意識的なコントロールはできないと考えていいだろう(可能であれば、恋をしない民族や社会が出現してもおかしくないからだ)。恋をすることはコントロール可能で、自分の意志で避けることができるのかという疑問に対して、あいにく科学はまだ答えらしきものを提示できていない。科学論文を検索してみても、この問題に直接取りくんでいる研究は見つからなかった。

科学でだめなら、世間の知恵はどうだろう。そう思って、グーグルで「恋　コントロールできる」と検索してみた。世界的なスピーチフォーラムTEDのイベントで、「誰に恋するか自分でコントロールできる？」という質問に対し、「いいなと思った相手でも……気持ちのコントロールはもちろんできる」「私は自制心があるから、恋には振りまわされないと思う」といった答えが返ってきた。どうやら、恋ごころが芽ばえるのは止めようがないけれど、それを育てるかどうかは自分で決められるというのが大方の意見のようだ。驚いたことに、恋に落ちないためのヒントが掲載されているサイトもあった。[*15] たとえば、新しい趣味を見つけて、気になる人のことを考えないようにするといったことだ。しかしどうにも説得力に欠ける。少ないサンプルではあるが、結局は世間の知恵も科学が示唆するところも一致するようだ――恋のコントロールは不可能。コントロールしようと努力することしかできない。

恋のコントロールが不可能ならば、恋は避けるにこしたことはないという私の助言も水の泡ということか。それに恋愛は人間が人間らしくあるために欠かせないもの。たとえ落とし穴があろうとも、避けようと思う必要がどこにあるのか。リスクゼロの人生なんてありえない。リスクに立ちむかい、対処するからこそ人生には喜びがあるし、生きる価値があるというものだ。

ここでひとつ告白しなくてはならない。いままで恋の悪影響や弊害について述べてきたが、それは一面にすぎない。実を言うと、恋には科学的に解明されている効用がたくさんある。偏りを正すためにも、そのことにも触れておこう。

恋愛の効用

恋愛が人類普遍の特徴であるならば、何かしらの恩恵があるはず。それを突きとめた研究はたくさんある。たとえば、恋をすると活力が湧いてくることを確かめたのが、ウェスタン・オンタリオ大学の心理学者チームだった。[*16] 恋愛中の被験者に、恋人への気持ちと、恋愛関係ではないが仲のよい友人への気持ちを思いうかべてもらい、そのときの血糖値を測定すると、前者のほうが数値が高くなった。血糖値が高いと活力がみなぎっていると感じるし、幸福感も強い。

血液がらみでもうひとつ紹介するなら、恋をすると血液中の神経成長因子（NGF）が増えるという研究報告がある。神経成長因子とは、子どもからおとなへと成長する過程でニューロン（脳細胞）を増やし、接続が密になるのを助ける物質で、不安などの感情に対処するうえでも役に立っている。神経成長因子の増加を発見したのは、イタリアにあるパヴィア大学の研究者チームだった。「掛け値なしに、狂おしいほどに、首までどっぷり」恋していて、恋人との関係が六か月に満たない人を調べたところ、交際期間が二年半以上の人や、恋人がいない人とくらべて神経成長因子の血中濃度が高かったのだ。[*17]

交際期間の長短で差があることから、神経成長因子が増えるのは恋が燃えあがる最初の時期だけのようだ。しかも熱愛であればあるほど、神経成長因子の血中濃度も上昇するので、恋の作用はかなり強力だ。ところが、一年後も同じ恋人と関係が続いていた被験者を再度調べてみたところ、熱愛度の低下とともに神経成長因子も減少して、恋人がいない人と同程度に落ちていた。恋愛初期に神経成長因子が増加すれば、新しい人間関係を始めるときのストレスも楽に乗りこえられるだろう。

恋には、脳の報酬経路に関連した効用もある。恋をすると、世界は文字どおり「甘美な」場所になる。甘さだけでなく、嫉妬の気持ちを「苦々しい」と表現したり、怒りで「はらわたが煮えくりかえる」と言ったりするのはおなじみのたとえだ。シンガポール国立大学の心理学者チームは、こうした比喩表現がどの程度実体験に結びつくのか、実験で確かめることにした。[*18]

被験者は二つのグループに分かれて作文をする。ひとつのグループは恋ごころを感じたときのことを、もういっぽうのグループはシンガポールの名所(ワン・ラッフルズ・プレイスなど)について書いた。それから甘酸っぱいキャンディ、日本製板チョコ、ただの水を味わってもらったところ、恋について書いたグループはすべてで甘さを強く感じた。これは恋から甘味を連想した可能性がある。なぜなら、恋も甘いお菓子も脳内の報酬経路のスイッチを入れるからだ。

恋の初期段階は、長期的な関係にも好ましい影響を与える可能性がある。研究で明らかになってきた恋の効用のうち、これがいちばん重要かもしれない。前に述べた慈愛にはいろいろ問題があったが、それと対照的だ。チューリヒ大学病院の精神科医が、六〇〇人以上を対象に行なった調査から、熱愛の相手と結婚した人は、そうでない人より夫婦関係への満足度が高いことがわかった。[*19] パートナーに恋して夢中になったことがある人と、恋に落ちることなく夫婦になった人では、前者のほうが長年の関係に満足していることも判明した。おもしろいのは、ひと目ぼれでも、恋が育つまで二か月かそれ以上かかった場合でも、相手との関係に満足する度合いは変わらないことだ。多少の落とし穴はあるかもしれないけれど、「掛け値なしに、狂おしいほどに、首までどっぷり」恋すれば、その相手とは長く連れそえる土台が整うと考えていいだろう。

愛が二人を分かつまで

私はこの章の大半を使って、恋を避けたほうがよい理由とその科学的根拠を説明してきた。恋はほかの感情と簡単に取りちがえてしまうし（恐怖と区別がつかない）、恋の始まりに大きな役割を果たす顔の魅力にしても、平均的だとか繰りかえし見ているといった興ざめな要素に大きく左右される。恋は固有の感情というより一種の指令みたいなものだし、その作用は薬物と驚くほど似ている。恋は精神の健康をむしばむ恐れがあり、身体の健康も損ねて生命を奪う危険さえある。

それでも後半になると、多少の落とし穴が潜んでいるとはいえ、恋には良い面がたくさんあることを認めないわけにいかなかった。ここではっきりさせておこう――私は根がロマンティストだし、恋のない人生なんかごめんだ。だけど私は特別なわけではない。恋は人類に普遍的なものだからだ。人間である以上、恋はぜったいにするし、恋をあえて避けようとするのは無茶な話だ。恋をすれば、嫉妬や心痛、やるせない思いといったつらい感情もついてくる。けれどもどん底に落ちてこそ、絶頂の喜びを満喫できるというものだ。

マザー・テレサは愛の大切さをこんな言葉で語った。「世界には、パンに飢える人より愛と理解に飢えている人のほうが多い」愛というテーブルが出現したら迷わず席につこう。そこで出されるものは、のどを通りづらいかもしれない。だけど愛は痛みをともなうもの――そのおかげでポピュラー音楽の名曲がいくつも生まれたのだ。

第6章
もっとストレスを!

Stress more

「急にめまいがして、神経が極度に張りつめた。胃がけいれんしている。次が自分の番だ。飛行機が右に急旋回するが、窓の外に目をやることなんてできない。気絶しそうになる。外を見て、ステップに足を踏みだすことを考えるだけで、緊張に拍車がかかる。顔から血の気が引いているのがわかる。インストラクターが私を見て、大丈夫かと心配そうにたずねた。大丈夫と答えるものの、説得力がないことは明白だ。はるか地平線を凝視して、下を見ないようにするしかない。自分の呼吸に集中する。鼻からゆっくり息を吸い、口から吐く。インストラクターが私の背中を押したり引いたりしている。背負ったパラシュートを確認しているのだ。彼は私の耳元で叫んだ。『空中では背中をそらす、いいですね?』うなずくと、インストラクターは恐怖の最終指令を出した。『はい、ステップに出て!』」[*1]

数年前、キール大学の私の研究室に一通の電子メールが届いた。社会学のランチタイムセミナーの案内だ。私の専門分野ではないものの、「スカイダイビングと隠喩としてのエッジ」というテーマに惹かれて行ってみた。セミナーは、社会学部で講師をしているジェームズ・ハーディー＝ビックが、イギリスのスカイダイビングクラブで行なった民族誌学研究について語るというものだった。民族誌学とは、民族と文化を体系的に研究する学問で、研究者は社会の文化現象を探るとき、当事者の立場から観察する。ハーディー＝ビックがこのとき話題にした研究も、「参与観察」と呼ばれるおもしろい手法で行なったものだった。研究者は対象となる集団の一員となり、彼らの行動に参加しながら状況を観察していくのだ。ハーディー＝ビックはこの研究で何をしたかというと、スカイダイビング講座に入って、何回もジャンプを体験したのである。冒頭の引用は、彼が初めて降下したときの状況を克明に描写した迫真の記述だ。ハーディー＝ビックが恐怖の極限を味わったことが手にとるようにわかる。研究のためとはいえ、なぜそんな恐ろしい体験を自らに課したのか首をかしげたくなるが。[*2]

そもそも、なぜ社会学者がスカイダイバーになろうと思ったのか。昨今、リスクというとほぼ例外なく悪者扱いされる。酒を飲むこと（第2章）や、付きそいなしで子どもを学校に行かせることなど、日常のありふれた行動まで高リスクと見なされるご時世だ。すべてにおいて安全を優先させる社会においては、子どもたちがトチノミに糸を通してぶつけっこをしたり、雪合戦をすることさえご法度になる。人間は予期せぬ危険におびえる無力な存在だと言わんばかりだ。ところがそのいっぽうで、スカイダイビングやバンジージャンプ、ジェットコースターなど、一歩まちがえれば死んでしまう遊びは人気が高まっている。いったいどういうことなのか？

きっとそこには隠れた効用、いや明白な利点があるのだろう。そうでなければ、危険と天秤にかけてもやりたいと思わないはずだ。心臓が口から飛びだしそうなぐらい怖くて、しかも死と背中あわせ。そんな極度のストレスがかかる状況に自分を追いこむ効用とは？　それが本章のテーマというわけだが、実は科学がこの探究を始めてまだ日が浅い。この章ではまず、社会学者をはじめ多くの人がパラシュートを背負って飛行機から飛びおりる、一見矛盾した理由から見ていきたい。

一〇〇〇、二〇〇〇、三〇〇〇、チェック！

人間は自分の感情に振りまわされてばかりではない。感情反応が発生する前後に、さまざまな手段でコントロールする自己調節力がある。感情の自己調節力を持つ人は、「心の知能指数（ＥＱ）」が高いと言えるし、反対に調節がまるでできないと、うつ病をはじめとする精神衛生上の問題と結びつきやすい。スカイダイビングのストレスを感情の自己調節に活用している人がいるのではないか。そんな仮説を確かめるために、フランス人を中心とする心理学者チームが、女性スカイダイバーに聞きとり調査を行なった。[*3]

だいたいこの仮説はどこから出てきたのか？　きっかけは、違法薬物を摂取する女性が、男性より失感情症になりやすいという研究報告だった。失感情症になると、自分の気持ちを言葉で表現することができなくなる。

失感情症の傾向を調べる簡単なチェックがある。次の質問に「はい」「いいえ」で答えてほしい。

・自分の気持ちにとまどうことがよくある。
・他者への自分の気持ちを言葉にするのが難しい。
・どうしてそうなったかを理解するより、なりゆきにまかせるほうが好きだ。

失感情症の人なら、この三つ全部に迷わず「はい」と答えるだろう。彼らは自分の身に起こったことも淡々と単調に語るだけだ。感情的な表現は皆無で、そこから本人の気持ちをおしはかることはできない。自分の感情や気持ちを感じたり気づいたりすることができず、他者に自分の感情を伝えられないのが失感情症だ。

調査対象になった女性スカイダイバーのなかには、失感情症の人もいたし、そうでない人もいた。研究チームは、降下前と降下直後（着地から一〇分以内）、さらに一時間後の計三回に、彼女たちに不安の程度を答えてもらった。飛行場で女性スカイダイバーをつかまえ、アンケート用紙に記入してもらうだけという単純きわまりない調査だ。

調査結果でまず興味をひかれたのは、女性スカイダイバーに失感情症患者が多いことだった。研究者の推計では、その割合は三三パーセントになるという。女性全体では八～二五パーセントと言われているので、驚くべき高さだ。失感情症の女性は、そうでない女性よりも過激なスポーツに魅力を感じるようだ。だがスカイダイビングと感情調節の関係性がくっきりと浮きぼりになったのは、彼女たちの不安レベルを分析してからだった。

失感情症でない女性スカイダイバーは、降下前と着地後で不安レベルは一定だった。ところが失感情症の女性は、もともと不安レベルが高めだったにもかかわらず、着陸直後に不安感が減少していたのだ。自分の感情を認知して伝えることができない失感情症患者にとって、スカイダイビングは強烈な感情を体験し、それが消えていくのを実感できる貴重な機会なのである。

スカイダイビングのような危険なスポーツは、誰はばかることなくリスクを冒したいときの格好の受け皿なのだろう。これほど高リスクになれば、失感情症の人でもストレスを覚えるし、ストレスから解放された感覚も味わえる。彼女たちにとっては、感情を自己調節できるまたとない場面だ。なるほど。だが失感情症ゆえにスカイダイビングをやろうという人は、全体のなかでごく一部にすぎない。そうでなくても、過激なスポーツをやりたいと思う人はたくさんいるはずだ。実を言うと、ストレス満載で危険きわまりない活動をやりたがる人には、もっと顕著な特徴が見つかっているのだ。ヒントを出そう。サー・ウォルター・ローリー、ロバート・ファルコン・スコット、バズ・オルドリンはいずれも名だたる冒険家だが、彼らに共通することは？

危険を求めてやまぬ者

正解——兄か姉がいたこと。きょうだいの序列で第一位にはけっしてなれない立場である。最初に生まれたか、上下にきょうだいがいるか、末っ子か、はたまたひとりっ子かという生まれ順が、刺激欲求性に影響を与える？ その可能性は大いにある。最初に生まれた子に対しては、親はまだ親として初心者だ。でも弟や妹が生まれるころには、子育ての経験を充分積んでいる。だから第一子と第二子以降では、子ども時代の経験もちがってくるはず。それがのちのち影響してくるのだ。

生まれ順の研究は一九六〇年代から七〇年代にさかんに行なわれた。ニューヨーク州立大学ブロックポート校の男子学生を対象に行なわれた研究も、この時代のものだ。スカイダイビング、オートバイレース、スキージャンプ、飛行機操縦など、危険なスポーツへの参加意欲に、生まれ順がどう影響しているか調べてみた。使うのは紙と鉛筆だけという単純な方法で調べた結果は、明白そのものだった。第一子は第二子以降とくらべて、高リスクなスポーツへの意欲が明らかに低かったのだ。[*4]

ところがその後行なわれた研究では、この結果を再現することができなかった。それはテキサス大学アーリントン校の社会学者を中心とする研究チームが、全米パラシュート協会の会員を対象に行なった調査だ。[*5] スカイダイビング、ハンググライダー、オートバイレースといったスポーツの危険度をどう認識しているか、過去に何度やったことがあるかたずねたのだ。さらに、回答者がもっぱら楽しんでいるスカイダイビングについて、それをやる理由も質問した。たとえば「危険なことは刺激的で、ときに官能的ですらある」という文章に「そう思う」と答えた人は刺激追求型、「飛ぶたびに自分自身についてささやかな発見がある」に同意した人は、人間成長型に分類した。

この調査では、スカイダイビングやオートバイレースの危険度認識に関して、第一子か第二子以降かでちがいは見られなかった。またスカイダイビングをやる理由が刺激追求型か人間成長型かについても、生まれ順と結びつく傾向は確認できなかった。要するに生まれ順の影響は皆無だったのである。

生まれ順と危険なスポーツの関係を探る二つの研究は、結果が食いちがった。こういうとき、科学はどうするの？　そんな疑問が生まれるのも当然だが、研究結果が一致しないのはめずらしい話ではない。理由はいくつかある。まず科学で導きだされる結果は、多くの場合見こみでしかないということ。心理学や社会科学はとくにそうだが、統計的分析によって少なくとも九五パーセントは確実に存在するとなったとき、偶然ではないと判断される。ただそれでも、残り五パーセントはまちがうことがあるかもしれず、これを「誤り率」と呼ぶ。つまり研究者は、研究が誤った結果に到達する可能性を最初から認識しているのだ。

研究結果が信頼できるかどうかを確かめるいちばんの方法は、別の研究者が同じ研究をもう一度やってみることだ。これを「追試」という。追試で最初の研究と同じ結果が得られないこともけっこうある。

実際のところはもう少し複雑だ。結果が存在しない状況にもかかわらず、存在を誤認してしまう可能性が五パーセント前後しかなければ、結果はあると見なされるのである。（これはかなり簡略化した説明なので、興味のある読者は「帰無仮説の検定」で調べてみることをお勧めする。）

研究結果が一致しないと、科学者としてはがぜん興味をそそられる。そして食いちがいの原因を調べていくと、かならずちょっとした差異が見つかる。悪魔は細部に宿るのだ。先ほど紹介した二つの研究で言うと、前者は危険なスポーツを「やってみたいか」とたずねたのに対し、後者は危険なスポーツを「やったことがあるか」と質問していた。前者はたんなる意欲であり、後者は実際の行動だ。では、危険なスポーツをやることと、生まれ順は完全に無関係なのだろうか。

科学者として直感的に判断するなら、どうも生まれ順は関係なさそうに思える。なぜなら回答者の見解（危険なスポーツをやりたいか）より、行動の有無（危険なスポーツをやった回数）をものさしにするほうが客観的で優れているからだ。ところが最近になってカリフォルニア大学の研究者チームが、生まれ順と危険なスポーツの関係を探った過去の研究をすべて洗いだして分析した。こうした調査論文は「研究の研究」（メタ分析）とも呼ばれていて、その題材に関する最も充実した情報源と言える。*6

カリフォルニア大学の調査論文は、生まれ順と危険なスポーツへの参加の関係を探った二四件の研究を取りあげている（やはり、たんなる意欲ではなく実際にやったかどうかが重要なのだ）。これらの研究結果を総合すると、第二子以降で生まれた人は、第一子にくらべて危険なスポーツに参加する可能性が一・四二倍高いという数字が出た。これは証拠としてかなり強い説得力がある。やはり第二子以降は、過激なスポーツに心が惹かれるようだ。

ストレスが強く、リスクの高い活動をやりたがるかどうかに、なぜ生まれ順が関係してくるのか。その理由は家族間の力関係にある。第一子は次の子が生まれるまでのあいだ、親の愛情がめいっぱい注がれる。きょうだいがいないので、愛情を小分けにする必要がない。さらに第一子は、あとから生まれた弟妹の面倒を見ることを期待される。つまり第一子は親からの期待を背負い、責任を引きうけることに慣れているのだ。

いっぽう第二子以降はというと、より外向的、開放的になりやすい。生まれたときには、すでに親と兄姉によって家族の役割が確立されているため、何か新しいこと、変わったことをやらないと親に振りむいてもらえないからだろう。これと関連して、集団内の社会的地位を上昇させたい者にとって、リスクを好んで取ることは有効な手段だとする研究結果もある。第二子以降は、家族内で自分の存在感を高め、地位をあげるために、危険度が高い戦略を選ぶということか。その戦略が成功したものだから、成人になっても同じことを続けようとする。それが危険なスポーツを好む傾向に現われるのだ。

スカイダイビングなど危険なスポーツに隠れた効用があるとすれば、強い刺激と興奮を求める人にとって、危険を冒すストレスが欲求のはけ口になっているということだろう。社会学者ジェームズ・ハーディー＝ビックが自らの研究で到達したのも、そういう結論だった。彼が話を聞いたスカイダイバーたちは、社会がいろいろと慎重になりすぎて息が詰まると語っていた。過激なスポーツは、そんな過保護な社会の息苦しさを打破する手段なのだ。スカイダイビングをやるときは強烈なストレスを感じるが、それに対処することもまた魅力のひとつだという。「恐怖を受けいれるというか……共存するしかない。もし恐怖がぜんぜんなかったら、やる意味なんてないだろう？」

高度一〇〇〇〜四〇〇〇メートルを飛ぶ飛行機から飛びおりる。生きるか死ぬかは、ナイロン製の薄っぺらいパラシュート頼み。そんなスポーツの恐怖とストレスは、人間の脳にも不思議な作用をおよぼす。

フリーフォールの記憶

「地上ではどんなに頭が切れるやつも、飛行機から初めて降下するときはアホになる」

これはスカイダイビングのインストラクターが口をそろえて言うことだ。スカイダイビングで起きる死亡事故の一一パーセントは、装備の不良ではなく、パラシュートを開くタイミングが遅いとか、適切な行動をとれなかったという人的要因によるもの。それを説明するのが、インストラクターたちのこの言葉だ。メインのパラシュートが開かないことはたまにあるが、そういうときは予備のパラシュートを使えばいいので、すぐに悲劇には直結しない。しかし問題が起きたことを認識して予備パラシュートを開く判断力を発揮できなければ、地面に激突するしかない。

趣味でスカイダイビングを楽しむアメリカの心理学者たちは、スカイダイビングの極限のストレスが思考能力をいかに阻害するか調べることにした。彼らは、初歩的なミスで安全が脅かされた例をいくつも目の当たりにしてきたのだ。*7

スカイダイビング講座を受講していたある女性は、空中でパニック発作を起こし、メインパラシュートが正しく開いていたにもかかわらずコードを強く引いて、装具を切断してしまった。ただ地上からの無線の指示で、わずか数秒のあいだに予備パラシュートを開くことができたため、最悪の事態はまぬがれた。別の受講者は、左に旋回して着地せよという指示があったのに、なぜか逆のコードを引いて右に旋回し、建物の屋根に落ちて足首をねんざした。ふだんは理性的な人たちが、なぜ空中ではそんなミスをしてしまうのか。

過度のストレスがかかると、情報を学んだり、思いだしたりするのが難しくなるからではないか。そう考えた心理学者チームは、スカイダイビングの最中に記憶テストをやってみることにした。ベテランスカイダイバーの協力を仰ぎ、彼らの胸にソニーのウォークマンを装着する（実験が行なわれたのは一九九〇年代だった。いまならデジタルボイスレコーダーを使うところだろう）。飛行機から降下して、メインパラシュートがきれいに開き、問題がないことを確認する。それからカセットレコーダーの再生ボタンを押して、ヘッドフォンから流れる単語（サンドイッチ、ベッドルーム、クモなど）を聞く。それから少し時間をおいて、スカイダイバーは今度は録音ボタンを押し、さっき聞いた単語をできるだけたくさん思いだして吹きこむのだ。これは、心理学で記憶能力を測定する典型的な方法だ。ただしふだんとちがうのは、被験者が空中を勢いよく落下していることだった。

単語の記憶テストの結果、空中では記憶力が低下することがわかった。比較のため地上で実施したテストでは、被験者は平均八個の単語を思いだせたのに対し、スカイダイバーたちが録音できた単語は平均五個。なぜそうなるのだろう？

記憶した情報を思いだすプロセスは、情報を学習して記憶として定着させ（エンコード）、あとで記憶から呼びだす（想起）のが基本的な流れだ。スカイダイバーの記憶能力が落ちたのは、学習と想起のどちらかの段階でつまずいたからだろう（あるいは両方かもしれない）。研究者チームはそれを確かめようと、再度テストを行なった。ただし今度は、スカイダイバーには地上で単語リストを聞かせて、ダイビング中に思いだしてもらうことにした。

降下を開始したスカイダイバーは、パラシュートが開いたところでウォークマンの録音ボタンを押し、覚えている単語を吹きこんだ。すると、地上で記憶テストを受けた比較グループと成績に差がなかった。ダイビング中のストレスは、新しい情報の学習だけを阻害して、記憶からの取りだしには影響しないという結果になったのだ。

これは、単語と文脈の結びつきで説明できるだろう。ここで言う「文脈」とは、単語を耳にしたとき何をしていたか、何を見ていたか、聞いた単語に対してどう感じたか、単語が引き金になって個人的な記憶がよみがえったりしたかということだ。私たちの記憶は、そうした文脈情報（「手がかり」とも言う）に左右される部分が大きい。

スカイダイバーが単語と文脈を結びつけられなかったのは、死と隣りあわせの強烈なストレスで、思考能力がうまく働かなかったからだろう。降下直前のスカイダイバーに暗算をさせた実験もそのことを裏づけている。誤答数は地上で計算したときより多くなり、ストレスを受けると思考能力が全般的に落ちることがうかがえる。*8

これらの研究は、空中で人が「アホ」になる理由をひとつ教えてくれる。スカイダイビングの極限的なストレスは、記憶などの思考能力を鈍らせるのだ。スカイダイビング初体験の人であれば、空を飛ぶ飛行機からジャンプすることは命がけの挑戦だ。そのストレスで精神機能が低下して、情報処理がとどこおる。周囲の状況を認識し、理解することが難しくなり、思いちがいをする可能性が高まる。そのせいで開いているパラシュートを切りはなしたり、予備のパラシュートを開くことができなかったりしたら、もう目も当てられない。

ということなのだが、本書の趣旨としてはこれでは困る。ストレスのせいでまわりの状況を理解し、反応する能力が落ちるのだとすれば、ストレスに良いところがないではないか。だが実は、ストレスによって思考や推論の能力が奪われることは、あながち悪いことでもないのだ。最近の研究で、その利点が明らかになった。

空の閃光

一九九七年にダイアナ元イギリス皇太子妃が交通事故で死んだとき、あなたはどこにいましたか？　当時はまだ小さすぎてわからなかったという人は、二〇〇一年のアメリカ同時多発テロのニュースをどこで聞いた？　それも覚えていないなら、二〇一五年一月、パリで起きたシャルリー・エブド襲撃事件は？

これらの大事件が起きたのが、あなたがものごころついたあとで、しかもあなたにとって何らかの意味を持っていたとすれば、事件のことを知ったときの状況が克明によみがえるはずだ。私の例だが、MSNメッセンジャーでアメリカ同時多発テロのことを教えてくれたのは妻だった。自分の研究室にいたら、コンピューターの画面に、世界貿易センタービルに飛行機が突っこんだという妻からのメッセージが表示されたのだ。軽飛行機が悪天候で進路をはずれたのだろう……最初はそう思ったことも覚えている。

世界を揺るがす大事件が起きたときの状況を、このように細部までくっきり思いだせる。これを「フラッシュバルブ記憶」という。テロの前日、同じMSNメッセンジャーで妻とやりとりした内容はまるで覚えていないので、フラッシュバルブ記憶は通常の記憶よりはるかに鮮明であることがわかる。フラッシュバルブ記憶の最大の特徴は、そのできごとに対する激しい感情もいっしょに呼びおこされることだ。私もニューヨークには個人的なつながりがあったので、あの事件を思いだすと恐怖、悲しみ、怒りがよみがえる。

カリフォルニア大学デイヴィス校の心理学者チームは、フラッシュバルブ記憶で感情が果たす役割に注目して、スカイダイビングで起きる強い感情喚起で記憶力が高まるのではないかと考えた。[*9] 彼らは、インストラクターと二人一組になって降下するタンデムジャンプの参加者に協力を依頼した。タンデムジャンプでは、自由落下するのは最高一分間。高度が三〇〇〇メートルになったらすぐパラシュートを開き、風に乗りながらゆっくり降下していく。タンデムジャンプのストレスが記憶能力にどう影響するかを確かめるために、被験者には降下の一時間前に一連の写真を見せ、着地の二時間後にどんな写真だったか簡単に記述してもらった（「森のなかで自転車に乗っている男性」など）。さらに記憶力を測る別のテストも行なった。ただしこちらは記憶の再生ではなく再認を調べるものだ。記憶にしまいこまれた情報を、何の手がかりもなしに呼びだすことが再生だが、このテストでは最初に見た写真とダミーの写真を混ぜて提示し、被験者は写真に見覚えがあるかどうかを答えるのである。

その結果、どんな写真を見たか言葉で説明するテストでは、ジャンプをしないで地上でテストを受けた比較グループと成績に差はなかった。明らかなちがいがあったのは、見覚えがあるかどうかを判断する再認テストのほうである。ただしそれは男性だけで、女性の再認能力は地上の比較グループとのあいだに差異がなかった。

話はさらにややこしくなるが、過去に経験したことを思いだす作業は、「回想」「熟知性」という二つの過程で成りたっているというのが記憶研究での認識だ。回想とは、以前に遭遇したことを具体的な知識として言えること。たとえば、それを見たときの自分の反応（胸がおどった）とか、見た場所までよみがえってくる。いっぽう熟知性とは、回想のような付随情報はないものの、いつかどこかで見たという感覚のことだ。タンデムジャンパーの記憶力テストでは、この熟知性の成績が高くなった。

これは心理学的にどういうことかというと、フラッシュバルブ記憶と同様、スカイダイビングのストレスが記憶をつくる過程を強化して、忘却を寄せつけなかったのだ。熟知性だけ好成績だったということは、記憶を想起するプロセスではなく、記憶痕跡を定着させるほうに作用したことになる。再認テストの成績が良かったのが男性だけなのは、スカイダイビングへの生理学的反応が女性より強かったからと考えられる。女性にとってスカイダイビングは、記憶能力が向上するほどストレスではなかったということか。

強いストレスには、記憶能力を押しあげる隠れた効用があることがわかった。ただし効果が出るのはストレスがなくなってからだ（スカイダイビングの実験では二時間後）。では、ほかにストレスによって向上する精神機能はあるだろうか。スカイダイバーが正しい手順でパラシュートを操作できず、悲劇的な結果になった例はすでに紹介した。ここでひっかかるのは、極限のストレスを体験した人がほぼ全員、時間の流れが遅くなったと証言していることだ。スキーのダウンヒル競技で転倒を体験した選手も、時間が遅くなったと感じた。

「感覚過多のようになって、時間の感じかたが遅くなった……身体が浮きあがってから、地面に落ちるまでが永遠のように感じられた。どうした、まだ落ちないのか？――そう思ったのを覚えている」

生命を脅かすような緊急事態に直面すると、時間の流れが遅く感じられるらしい。それならば明晰な思考ができるのでは？　だって考える時間がたくさんあるのだから。

これが重力だ

楽しい時間は矢のように過ぎる——このことわざからもわかるように、主観的な時間感覚は変化する。楽しいことをしているときはあっというまに時間がたつし、退屈な時間はなかなか進まない。では生きるか死ぬかの状況で、時間がほとんど止まったように感じるのはどういうことだろう？　心理学者にはこうした時間知覚を専門にする人もいる。その分野の第一人者であるジョン・ウェアデンは、つい最近までキール大学の同僚で、彼の研究室は私の部屋から二つしか離れていなかった。エレベーターに乗りあわせたときだかのなにげない会話で、緊急時の時間の感じかたを実験した研究についてウェアデンから聞いたのだと思う。それ以来、私はずっと興味を持っていた。

その実験を行なったのは、テキサス大学とベイラー医科大学の研究者チームだった。研究のためとはいえ、被験者を危険な目にあわせるわけにいかない。そこで彼らは、実際はさほど危なくないが、本人が生命の危険を感じるぐらい怖くてストレスの多いことをさせようと考えた。[*10]舞台はダラスにある無重力アミューズメントパークで、ここにある自由落下アトラクション（S

CAD）を使う。高さ三一メートルから命綱もパラシュートもなしにジャンプして、巨大な安全ネットに落ちるというものだ。トラベルライターのマックス・ウルドリッジはSCADに挑戦したときのことをこう書いている。

「すごい勢いで風を切ったと思うと、自分の身体が時速一二〇キロで地面に向かって落ちた。重力はすごい。こんな加速は生まれて初めてだ。時間が伸びて、一秒が一〇秒にも感じられる。それだけあればパニックを起こすのに充分だ」

ダラスのアミューズメントパークに集まった被験者たちは、SCADジャンプを二回行なった。一回目のあと、落下に要した時間を答えてもらうと、実際より長く感じる傾向にあった。被験者の答えは平均二・九六秒だが、実際は二・四九秒だった。生命が脅かされるような緊急事態では、時間の進みかたが遅いという主張のとおりだ。時間がゆっくり過ぎていると感じたから、被験者は実際より長い時間を答えた。ただしこれは回顧報告、つまりジャンプ後に振りかえってそう思ったというものだ。被験者はジャンプの最中にも、時間が遅くなっていると感じているのだろうか。それを確かめるために、研究者チームはうまい手を思いついた。名づけて「脳内フリッカー融合」である。

ディスプレイ上で、黒地に書かれた赤い数字の4と、赤地に書かれた黒い数字の4が、一定間隔で交互に点滅する（この点滅をフリッカーと呼ぶ）。要するに4が赤から黒へ、また赤へと変わるわけだ。この間隔がだんだん短くなる。最初のうちは赤↓黒↓赤の変化を目で追うことができるが、限界を超えると数字自体が読みとれなくなる。この実験ではちがう数字を使用したが、ちなみに限界は昼間で〇・〇四七秒、夜間で〇・〇三三秒だった（被験者の一部は夜間にもジャンプした）。

ここからいよいよジャンプだ。被験者は手首に小型ディスプレイを装着し、落下中にそれを見るよう指示される。ディスプレイでは赤と黒の数字が交互に点滅していて、点滅間隔は被験者の限界値より少しだけ短い。つまり通常では、被験者は表示された数字を認識できないということだ。被験者のひとりはジャンプ中に目を開けていられず、実験から除外されてしまった。残りの被験者は勇者ぶりを発揮して目をしっかり開き、スクリーンに映ったと思われる数を報告してくれた。

生きるか死ぬかの緊急事態に遭遇すると、主観的な時間の流れが遅くなる。だとすれば、ふだんなら点滅が速すぎて見られない数字も読みとれるのでは？　実験のねらいはそういうことだった。着想はばつぐんだったが、はたしてうまくいったのか？

答えは――ノーだった。残念ながら、正しい数字を答えた被験者は三〇パーセント前後にとどまったのだ。これでは地上で行なった比較実験と変わらない。時間が遅くなるという感覚は事後に強く感じるもので、実際にそれを体験している明確な証拠はない。回顧的な証言しか得られないことから、この研究では、時間の流れが遅くなる感覚は、回想にもとづくある種の幻覚ではないかと示唆している。要するに、ほんとうに時間の進みかたが遅くなるというより、そんな感じがするというだけの話だ。そういうことであれば、「考える時間がたくさんできる」から、不測の事態に適切に対処できるはずという話にならないのも納得できる。

だが、ただの幻覚でもかまわない。時間の流れがゆっくりになる体験は、それ自体が独特の快感をもたらしてくれるからだ。快感といえば、この章は「もっとストレスを」と題しておきながら、そうするべき最大の理由をまだ述べていなかった。過激なスポーツで強いストレスにわが身をさらす効用にも触れていない。幸いそれに関しては、ほかの研究者がすでに取りくんでいる。彼らは慎重に検証を重ねて、ひとつの結論に到達した――スカイダイビングやバンジージャンプなどストレスが強烈な体験は、楽しいのである。ものすごく楽しいと言ってもいいだろう。

ナチュラル・ハイ

そんなこと聞くまでもないと言われそうだが、ハートフォードシャー大学の研究者チームは、バンジージャンプ初体験の人にいまの気分をたずねた。[*11] ハーネスを装着し、いよいよジャンプケージに入るというときに質問したのだ。その後ジャンプケージは高さ五〇メートルまで上昇し、「三、二、一、バンジー!」というスタッフのかけ声を合図に空中に飛びだし、自由落下の世界に突入する。数秒後、伸縮性のあるロープの働きで落下は止まり、ふたたび吊りあげられるのだ。挑戦前の体験者の気分は、予想どおりかなり高揚していた。受付で申しこみをしてからジャンプケージに入るまでのおよそ一時間に、気分は上昇の一途をたどる。つまり強いストレスにもかかわらず(あるいはなぜかストレスゆえに)、バンジージャンプは気分を大いに高めてくれる体験なのだ。

バンジージャンプで気分が前向きになるのはなぜか。その疑問に納得のいく説明を与えてくれたのが、ドイツにあるギーセン大学の研究者チームだ。彼らはバンジージャンプ初体験の人を対象に、血液と唾液の分析を行なった。[*12] すると満足感や幸福感が高く、頭も冴えた状態になっていて、不安や悲しさは薄れているという結果が出た。それだけではない。唾液に含まれるコルチゾールと、血液中のエンドルフィンも増えていたのだ。コルチゾールはストレスにさらされると多量に分泌されるので、バンジージャンプがストレスだったことは明らかだ。いっぽうエンドルフィンは脳内麻薬とも呼ばれ、モルヒネに似た働きをする。満足、高揚、幸福、興奮、歓喜といった感覚、要するに多幸感をもたらすのだ。エンドルフィン濃度が高ければ、多幸感も強いという相関性も見られた。バンジージャンプで分泌されたエンドルフィンが、多幸感を引きおこしていると考えていいだろう。

だがストレスはどうなのか。過重な要求をもてあますときに起こる悲観的な感情は健康をむしばみ、心臓病やうつ病といった深刻な病気を招いて生命まで奪いかねない。そんなストレスが、エンドルフィンを分泌させて幸福感を呼びおこしているというのだが、それっていったいどういうこと？　意外や意外、世間の印象とは裏腹に、ストレスが身体のためになることがあるのだ。もっと早い段階で書いておくべきだったかもしれないが、ストレスには二種類ある。ディストレスとユーストレスだ。ディストレスについてはすでによく知られていて、その悪影響は心身の健康をむしばむことがある。もうひとつのユーストレスは、ギリシャ語で「良い」という意味の *eu* に由来するだけあって、好ましい影響を与えてくれる喜ばしいものだし、私たちも積極的に取りこもうとする。[*13] バンジージャンプをめぐるこれらの研究は、危険で極端な行動がもたらすストレスも、それが好ましい体験であれば、ユーストレスと認知されることを教えてくれる。ユーストレスのあるところには、ちょっと意外な心理的効用も存在する。ジェットコースターを例にそれを見ていこう。

ロシアの山

重力を利用した遊具の始まりは、一七世紀のサンクトペテルブルクにつくられた氷のすべり台だ。一九世紀、パリのあちこちにお目見えした大きならせん状のすべり台は、ジェットコースターの前身と呼んでいいだろう。乗客はマットに座って直接すべるのではなく、カートに乗っておりる形式で、その意味でもいまの遊園地にあるものに近い。一九世紀半ばには、ペンシルヴェニア州の鉱山で、石炭をふもとの町まで運ぶモーク・チャンク鉄道が人気となり、観光客も乗れるようになった。純粋なアトラクションとして設計されたアメリカ初のジェットコースターは、ニューヨークのコニー・アイランドに一八八〇年代に登場したスイッチバック・レイルウェイだった。おもしろいことに、ラテン語系の諸言語ではいまだにジェットコースターのことを「ロシアの山」と呼んでいて、一七世紀の氷のすべり台に起源があることがよくわかる。

以上がジェットコースターの簡単な歴史だ。技術が進歩してジェットコースターが可能になってからというもの、人びとがわざわざ金を出してまで体験したがるのは、この乗り物がもたらすユーストレスだ。

ジェットコースターが人気の理由は、スピードの楽しさ（第4章）、恐怖心の克服、急激な生理学的覚醒があるからだ。とくに生理学的覚醒については、心臓の弱い人は乗らないようにという注意書きがあるほどだ。だが、グラスゴー王立診療所の心臓病学者チームが一九八〇年代後半に行なった研究を見れば、なるほど注意書きも必要だとうなずける。*14 研究者たちは、一九八八年に開催されたグラスゴー・ガーデン・フェスティバルで、被験者にコカコーラ・ローラーに乗ってもらい、心拍数を測定した。コカコーラ・ローラーは、前進と後退を組みあわせてらせん状に二回転する九四秒間のライドで、最大加速度は四G、速度は時速六五キロを超える（その後イギリスのローストフト近郊にあるテーマパーク「プレ

19 世紀フランスの風俗版画集『ル・ボン・ジャンル』より
「空中散歩」と名づけられた三本のすべり台はジェットコースターの走りとなった。

ジャーウッド・ヒルズ」に移築、名称もワイプアウトになった）。

被験者の一分間の平均心拍数は七〇だったが、ジェットコースターに乗っているあいだは一五三に急上昇した。年齢が高く、医学的に安全と言いきれないレベルに近づいた人もいた。顕著だったのは変化の速さで、発車後わずか八秒で被験者全員が最大心拍数に到達していた。

現代病とも言うべき慢性疾患の心理的背景を探るには、ジェットコースターがうってつけだ——そう考えたのは、オランダの心理学者チームだった。[*15] その病気とは喘息だ。喘息は、肺に空気を出し入れする気管支の慢性炎症だ。喘息になると気管支が過敏になって、息切れ、咳、喘鳴（ぜんめい）、胸の痛みなどが起きる。炎症によって気道が狭まるので、呼吸で通る空気の量と速さが落ちる。肺機能が低下するのだ。ところが一九七〇年代の研究で、肺機能と呼吸困難はあまり関係ないことが判明した。肺機能が正常なのに呼吸困難を訴える、あるいは喘息発作が起きているのに呼吸困難にならない患者がいるのだ。

この謎を解く鍵は、喘息患者の精神状態にあった。不安感が強い患者は、呼吸困難の感じかたも強い。つまり喘息には心理的な要因も大きく関わっており、マイナスの感情があると、喘息の症状がより深刻に感じられるのである。そうした状況や感情的なストレスと、呼吸の苦しさを関連づけてしまうのだろう。ならば逆の効果も起こせるのでは？　オランダの心理学者たちが目をつけたのはそこだった。ディストレスで呼吸困難が重くなるのなら、ユーストレスで前向きな反応を体験すれば、呼吸困難が軽くなるかもしれない。

実験の名目で集められた学生の喘息患者たちは、バスでオランダ国内のあるテーマパークに向かい、そこでジェットコースターに乗った。実験の結果は目を見はるものだった。ジェットコースター体験後、呼吸効率からはじきだした患者の肺機能の数値は低下したにもかかわらず、本人が申告する呼吸困難の症状は重くなるどころか、むしろ軽くなったのだ。ジェットコースターのユーストレスは、喘息の症状のひとつをやわらげる効果があったのである。前向きのストレスが健康に良いことが、この研究でも明らかになった。それなら私たちは、ユーストレスをもっとたくさん浴びたほうがいいのでは？　いっそのこと、悪いストレスを良いストレスに変えたりできないだろうか？

笑顔をつくれば楽しくなる

感情を覚える前に身体が反応する。これは心理学の古典的な理論のひとつだ。熊に遭遇したとき、怖いから逃げるのではなく、逃げたあとで怖くなるということである。この理論は恋愛を取りあげた第5章でも紹介している。もしこれが正しいとすれば、頭のなかでどう考えていようと、感情反応は同じになるはず。マンハイム大学の心理学者チームはそんな仮説を立てて、ある実験を考案した。[*16] 被験者はペンを上下の歯でくわえるよう指示される。こうすれば、本人は知らないうちに笑顔になっている（お試しあれ）。いっぽう、唇でペンの端をはさむよう指示された被験者は、口がとがって笑顔にはならない。こうしてペンをくわえたまま、被験者はゲーリー・ラーソンの漫画『ザ・ファー・サイド』を読んでおもしろさを評価する。するとペンを歯でくわえた被験者のほうが、唇でくわえた被験者よりも、漫画をおもしろいと感じていることがわかった。つまり笑顔が気分を上向きにしたのであって、自覚した感情を身体が表現したのではないということだ。

さらに一歩踏みこんだ実験を行なったのが、カンザス大学の心理学者チームだ。[*17] ここで被験者がくわえたのは、二本一組の箸だった。箸を縦に重ねてくわえると、唇にすきまができてあいまいな笑顔になり、横に並べてくわえれば大きな笑顔になる。被験者は箸をくわえたまま、星の絵を写す課題をこなす。ただし手元を直接見ることは許されず、鏡を見ながら輪郭をなぞらなくてはいけない。かなり困難でストレスの多い作業だが、それだけでは不足とばかりに、被験者は氷水に手を一分間ひたすのだ。どちらの課題でも被験者の心拍数は上昇し、強いストレスを受けていることがわかる。この実験で注目されたのは、ストレスからの回復速度だった。お絵かき課題でも氷水チャレンジでも、上昇した心拍数が正常レベルに戻るまでの時間は、あいまいな笑顔よりもはっきりした笑顔のほうが短かったのだ。

この実験結果を見るかぎり、ディストレスを減らすためにやれることがありそうだ。ストレスや苦痛に満ちた状況を「笑ってやり過ごす」のは、なるほど一理ある対応と言える。困難にぶつかったとき、笑顔をつくる。そうすればディストレスが減ってユーストレスが増え、ストレスからの急速な回復が可能になる。

ユーストレスを活かす

この章では、ユーストレスという好ましいストレスが感情の自己抑制や、記憶力の向上に役だつだけでなく、第二子以降に生まれた子がアイデンティティを確立するうえで必要であることがわかった。ユーストレスがあると時間の流れかたが遅く感じられ、エンドルフィンの分泌がさかんになる。喘息患者は呼吸困難がやわらぐだろう。ストレスは自分の精神が決めるものだから、目の前の問題をまたとない挑戦を受けとめ、害になるうしろ向きのディストレスを、人生を高めてくれるユーストレスに転換できる状況もある。スカイダイビングをはじめとする過激なスポーツの愛好者ならば、誰もが経験していることだ。

スカイダイビングに挑戦した社会学者をはじめ、スカイダイバーたちの体験は、ユーストレスの効能を如実に物語っている。スカイダイビング愛好者は、スリルのためなら死の危険も辞さないリスク中毒かと思いきや、そうではないこともわかった。自分への挑戦であることはまちがいないが、彼らはわが身を危険にさらすために、こうしたスポーツをやっているわけではない。一九八〇年代には、ヤクをやってから飛ぶなんていう話もまことしやかに語られていたが、それはただの都市伝説だ。あるスカイダイバーはこう言っていた。「それ以上は危険という限界はかならずあって……あえてそれを超えることはしないし、危険を高めるようなこともやらない」

スカイダイビング、バンジージャンプ、ジェットコースターは、豊かで変化に富む生活のちょっとしたスパイスだ。毎日の通勤、週末の過ごしかた、食事、人づきあい……現代の生活は、ともすれば単調な繰りかえしに終始して、退屈なものになりかねない。それを防いでくれるのがユーストレスだ。死につながりかねないスポーツや遊びを好むからといって、死を希求しているわけではない。恐怖心を克服し、新しい技能を修得する達成感や、強烈なスピード感を味わって、決まりきった日常に揺さぶりをかけ、人生を楽しくするためなのである。

第7章
サボりのススメ
Waste time

ケンブリッジ大学修士課程の学生が、休暇で故郷の小さな村に戻った。母親と庭で過ごしているると、ケンブリッジでのあわただしい生活が別世界のように思える。ここでは一日じゅう何もすることがなく、外をぶらぶら散歩するだけ。退屈でたまらない。

けれども修士課程の学生にとって、研究や課題から離れてひと息つける時間はとても貴重だ。そうすることで展望が開け、世界全体を明瞭に、しかも細部まで見わたせるようになる。これは学究の徒にはとても大切なことだ。時間に追われる毎日では、木からりんごが落ちても気づかずに終わるかもしれない。でもいまは、日常のちょっとしたできごとさえ、とてつもなく大きな意味と広がりを持つ。それはこの村だけにとどまらず、ケンブリッジも抜けてイギリスの国境も越え、果ては地球からも飛びだして、太陽や月、星に到達するのだ。若きアイザック・ニュートンが万有引力の法則を発見できたのは、故郷の村で無為の時間を過ごしたおかげかもしれない。

この章では、時間をむだ使いすることの心理学的な効用を探っていきたいと思う。空想にふけったり、紙にいたずら書きをしたり、ガムを噛んだり、家事をさぼったり……何もやることのない退屈な時間には、隠れた効用がたくさんあることが科学的に解明されている。それどころか、何もしないことが難しい問題を解く決め手だったりするのだ。

デイドリーム・ビリーヴァー

難しくて途中で放りだしたクロスワードパズルが、数時間後、あるいは数日後にやってみたらあっさり答えが見つかった――そんな経験はないだろうか。まったく別のことをしているあいだに正解がひょっこり思いうかんで、急いでパズルを手に取った人もいるのでは？　まるで自分の知らないあいだも、脳みそがずっと答えを考えていたみたいだ。そんな風に間接的に問題の答えを思考することを、専門的には「潜伏期」と呼んでいる。このときは、無関係に思えるできごとがきっかけで答えが見つかることもある――ニュートンのりんごのように。潜伏期の頭のなかでは、心理学的にどんなことが起こっているのだろう？

これはひょっとすると、むだな時間の究極とも言える白昼夢と関係があるのでは？　そう考えたのが、カリフォルニア大学サンタ・バーバラ校の心理学者チームだ。[*1] これを確かめるために、まず解決すべき問題を設定した。被験者に与えられた課題は、身近な品物について、本来の用途からかけ離れた使いかたを提案することだ。たとえばレンガは、ペーパーウェイトにするとか、ドアストッパーにする。庭の小道に敷いて舗道にする。積んで壁を築くというのは、本来の用途だから却下だ。

続いて被験者を白昼夢状態にするために、単調な作業を用意した。コンピューター画面に、一定間隔で数字が表示される。ほとんどの数字は黒だが、たまに赤や緑の数字が混じるので、それが偶数なら「イエス」と答える。だが色つき数字はめったに出てこないから、被験者が集中力を保つのはかなり難しい。開始からしばらくすると注意が散漫になり、すぐに研究者が期待した状態に陥る——白昼夢だ。

被験者は二つのグループに分けられた。ひとつはいま説明した作業を行ない、もうひとつのグループにはもう少し難しい作業をしてもらった。コンピューター画面に数字が表示されるのは同じだが、今度は色つき数字が出たとき、その直前に現われた黒い数字が偶数だったかどうかを答えなくてはならない。こうなると、黒い数字を漫然と眺めているだけではだめで、何秒間かは記憶していなくてはいけない。高い集中力が求められるため、白日夢状態になる割合は激減する。

コンピューター画面とにらめっこする作業が終わったあと、被験者にはふたたび冒頭の課題に取りくんでもらった。無意識に、あるいはほとんど意識することなく課題を考えている潜伏期の活動が、結果にどう影響するか確かめるためだ。すると退屈きわまりない作業をしたグループは、多少の注意力が求められる作業のグループより、創造的な用途をはるかに多く思いつくことができた。

どうやら、難しい問題に悩んだら、一度考えを中断すると答えが見つかりやすいようだ。この実験は、日用品の新たな用途を考案するという設定も良かった。正解はひとつではないし、いろんな角度から答えを導きだせるからだ。現実世界で直面する複雑な問題も、答えはひとつというわけではなく、甲乙つけがたい解決策が複数あることが多い。若きニュートンも、ぼんやり白日夢を見ていたときに果樹園のりんごの木から実がぽとりと落ち、それが世紀の大発見につながった。時間のむだ使いに隠れた効用があることを、科学の歴史が証明しているのだ。だからあなたも、一生ソファでごろごろしていたほうがいい！

ニュートンのりんごは作り話だと思われるかもしれないが、信憑性はある。ニュートン自身、彼の伝記を書いたウィリアム・ステュークリーにりんごの逸話を語っていたようで、『サー・アイザック・ニュートン伝（*Memoirs of Sir Isaac Newton's Life*）』にもそのくだりが記されている。ただしそこには、私が知りたい詳細は記されていない。それはニュートンのお母さんが、庭をきちんと手入れしていたかということだ。そのことは、歴史の一ページが開かれた瞬間と無関係ではないと私は信じている。

退屈な仕事

片づけをする。テレビを見る。あなたはどちらを選ぶ？　あなたのオフィスは、整然と片づいている、それとも散らかり放題？　次ページの写真でいうとどちらに近いだろう。正直に答えるように。

右の写真を選んだあなた――おめでとう、あなたは良き友だ。かのアルバート・アインシュタインも言った。「デスクが散らかっている者は、頭の中身も散らかっているそうだが、ならば何もないデスクはどうなる？」ドイツ生まれの理論物理学者で一般相対性理論を提唱し、科学を哲学的な立場から考察した彼は、実に興味ぶかい問題を提起した。私たちは、物理的な秩序が整っているのが道徳的で正しく、無秩序は不道徳でけしからんと考えがちだ。だが身のまわりが乱雑かどうかは、その人の思考に影響するのだろうか？

この疑問に答えを見つけようとしたのが、ミネソタ大学の心理学者を中心とするマーケティング科学の専門家チームだ。[*2] デスクに最低限のものが整然と置かれた部屋と、デスクから床まで散らかり放題の部屋を用意して、そこで被験者に課題をこなしてもらう。実験1では、ピンポン玉をつくっている地元メーカーの販路拡大のために、ピンポン玉の新たな用途を考案してほしいと被験者に説明する。被験者が思いついたアイデアは、独創性の度合いで点数をつける。

するとおもしろいことに、乱雑な部屋で考えた被験者のほうが、整頓された部屋の被験者よりも独創性の高い用途を数多く考えだした。たとえばピンポン玉を二つに切って、製氷皿として使うというアイデアがあった――なるほど本来の用途からかけ離れている。そうかと思うと、「ビールピンポン」なるゲー

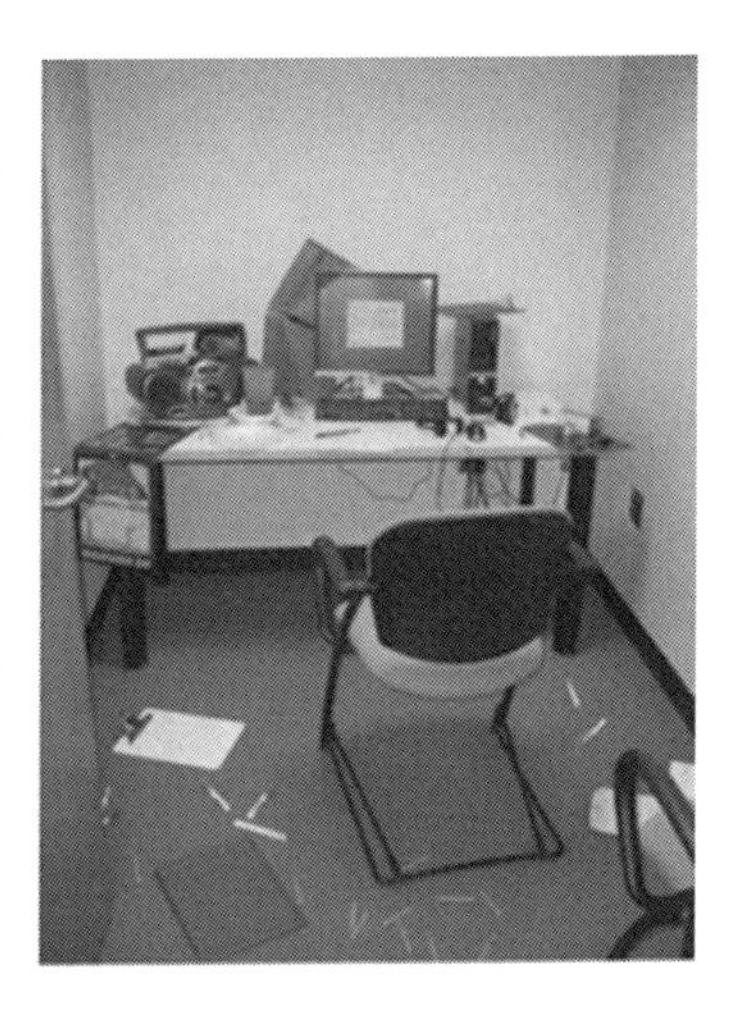

ミネソタ大学の実験で使われた、整頓された部屋と散らかった部屋

ムを提案した被験者もいた。ビールを飲みながらグラスにピンポン玉を投げいれるというもので、これはボールとしての本来の用途のままなので、独創性は低いという評価だった。

続く実験2では、被験者はレストランのメニューに意見を述べる。メニューはパワーアップ成分を加えたフルーツスムージー二種類で、ひとつは「クラシック・ヘルス・ブースト」、もうひとつは「ニュー・ヘルス・ブースト」と名づけられている。ちがうのは単語ひとつだけだが、片づいた部屋の被験者は「ニュー」より「クラシック」を選ぶ傾向にあり、乱雑な部屋の被験者はその反対だった。乱雑な部屋にいた被験者のほうが、新しいものを抵抗なく受けいれたのである。

以上の実験結果からすると、秩序は前例を優先させる保守的な傾向と、いっぽう無秩序は新しいことに重きを置く独創的な傾向と結びついているようだ。もしあなたが十年一日のごとく同じことを繰りかえしていて、そんな状況を打破したいと思っているのなら、家でも職場でも思いきって日課をさぼり、何もしない時間を過ごしてみてはどうだろう。その結果まわりが散らかってくれれば、持ち前の創造性が目を覚まし、習慣から自由になって新しいことが発見できるかもしれない。

この助言に従って、建設的なことは何もせず、むだな時間を過ごそうと決めたあなた。でも時間をつぶす方法が何かほしい。そんなときはプロの知恵を借りよう。プロはときとして何もしないで待たねばならないことがある。たとえばプロ野球の試合。バッターボックスに入った打者にできるのは待つことだけだ。そのあいだ選手は何をしているかというと、ガムを噛むか、つばを吐くかだ。ここでは後者を掘りさげることは控えるとして、ガムのほうはなかなか興味ぶかい行動だ。なぜ野球選手はガムを噛むのか？　ヤフーのコミュニティサービスにもこの質問が投稿されていて、寄せられた回答を読むと、時間つぶしになるというものが多かった。たしかに口を忙しくしているのは、良い気ばらしになる。しかしそれだけではなく、ガムを噛む心理的な効用が多くの研究から明らかになっている。

やる気のチャージ

いまから九〇年ほど昔、アメリカでチューインガムが売りだされた当初は、こんなものが売れるのかという疑問の声もあった。人前でガムを噛むのは行儀が悪いし、見苦しいというのだ。たしかにそうした悪い面は、いまだにチューインガムについてまわっている。ガムを噛むことは、体制へのささやかな反抗にもなっていて、だからちょっとワルを気どる生徒はよくガムを噛んでいる（うそだと思うなら、教室の机の裏側を見てみるといい）。シンガポールでは一九九二年にチューインガムの輸入・販売を禁止したが、それは電車のドアにガムがくっついて運行に支障が出たり、道路にガムがはりついて美観を損ねることが理由だった。この措置は最近少し緩和され、砂糖不使用のガムなら国内でも入手できるようになっている。

チューインガムは最初からこれほど親しまれていたわけではない。一般的に売られるようになった二〇世紀初頭の広告を見ると、チューインガムが健康に良い理由をこれでもかと並べている(図版参照)。いわく神経や筋肉の緊張をやわらげ、空腹やのどの渇きをいやし、消化を助け、虫歯の進行を防ぐ。チューインガムというと、非行少年がひまつぶしにくちゃくちゃやるものだと思っていたが、実は健康食品だった?

チューインガムが世間にお目見えしてからというもの、科学者たちは健康への効果を立証(もしくは否定)しようと研究に取りくんできた。ごく最近の例では、イギリスのノーサンブリア大学の心理学者チームが、チューインガムのストレス解消効果を探っている。*3 なおここで取りあげているのは、もちろん前向きで楽しいユーストレスではなく、うしろ向きで不快なディストレスのほうだ(第6章)。

ストレス解消効果を確かめるには、まずストレスがたまった状態をつくらなくてはならない。心理学会では、人間を対象に行なうすべての研究に関して行動規範を設けており、被験者に害がおよばないよう倫理委員会が監視することになっている。被験者に向かって斧を振りあげた

リグリーガムの新聞広告（1919年）

り、目の前で家族を拷問したりすれば、たちまちストレスは最大レベルに達するだろうが、そんな方法は倫理委員会に承認されるはずがない。そこでこの研究では、もっと地味な方法で被験者にストレスを感じてもらうことにした。コンピューターを使って、複数の作業を同時にやるのである。

コンピューター画面が四分割されて、それぞれに異なる課題が提示される。ひとつは計算課題で、16＋17＝のような二ケタの計算をする。次にストループ課題。青色で表示された「赤」、黄色で表示された「青」など、色の名前と文字色が一致しないものを選ぶ。それからビジュアル課題。画面上を動く赤い点が、境界線にくっつかないように操作する。最後が記憶課題で、画面に表示される文字を覚える。どの課題も、ひとつ片づけたらすぐに次の課題が出てくるので息つくひまがない。ひとつひとつは簡単な内容だが、同時に四つ取りくむとなるとかなり大変で、実際に被験者たちも強いストレスを感じた。

ただし実験自体はきわめて単純で、被験者はガムを嚙みながら、そしてガムを嚙まないで四種課題を二回ずつこなすだけだ。ガムを嚙んでいるときと、そうでないときで被験者のストレスと課題の成績に差が出るかどうかが注目点だ――差はあった。ガムを嚙んでいるときのほうが被験者のストレスは小さく、さらに成績も良かったのだ。単純だが科学的な手順をきちんと踏んだ実験で、チューインガムは健康のためになることが明らかになった。

ではなぜチューインガムがストレスを減らすのだろう？　第5章と6章でも触れたように、感情をどう体験するかは、その感情にどんなレッテルを貼るかで変わってくる。この実験の被験者はふだんからチューインガムをよく嚙んでいて、ガムを嚙むとストレスがやわらぐと証言していた。彼らは四種課題に取りくんで心臓がドキドキしてきても、それは作業がややこしいからではなく、ガムのせいだと考える（実際、ガムを嚙むと心拍数が上昇することは確認されている）。被験者が主観的に感じるストレスが少ないので、不安にとらわれることなく課題に集中できて、成績も良くなるというわけだ。

とはいえ、科学は民主的な過程を重視する。同様の実験をほかの研究者もやってみて、同じ結果が得られれば、チューインガムのストレス解消効果はほんものだと言えるだろう。科学の世界ではそれを再現性と言う。残念ながら、この実験結果はいまだ再現されていない。コヴェントリー大学の研究者グループが、ぜったいに解けない言葉パズルを被験者にさせて実験してみたが、チューインガムでストレスがやわらぐという結果は得られなかった[*4]（そんなパズルをやらせるぐらいだから、心理学者がいかに陰険な人種かよくわかる）。カーディフ大学の研究者チームが発表した調査論文でも、チューインガムにストレス解消効果があるかどうかは、今後の研究が待たれるという結論だった。[*5]科学者どうしがよく飛ばす冗談だが、調査論文だけに、「もっとよく調べろ」で締めくくったわけだ。

チューインガムには、ぐうたら人間の悪しき習慣というイメージがつきまとう。しかし科学的に立証されていないものの、困難な状況でもさほどストレスを感じずにすむ効能はありそうだ。時間つぶしにガムを嚙むことは、全体的な幸福度の上昇につながるかもしれない。もちろんガム以外にも、一見するとむだだけれど、心理的効用が期待できる行動はほかにもある。そのなかで、科学が有効性を確認できたひまつぶしを次に見ていこう。

ありあまる時間

会議や授業がとことん退屈なとき、自分でも気づかないうちに、ノートや書類の余白にいたずら書きをしていた経験はないだろうか。はっと気づくと、うんざり気分をたれながしたようなヘタクソな絵ができていて、決まりの悪い思いをしたことは？　でも退屈のあまりいたずら書きにおよんでしまうのには、何か理由があるはずだ。注意散漫な時間つぶしと思われがちないたずら書きだが、実は集中力を高め、成績を向上させる効能があるのではないか。プリマス大学のある女性心理学者は、そんな仮説を立てた。[*6]

仮説を立証するために、彼女は退屈になる実験を考案した。被験者が聞かされるのは、パーティー主催者が吹きこんだ留守電メッセージ。どうでもいい話がぐだぐだと二分間続く。被験者にはあらかじめ退屈な内容であることを伝えてあるが、「ナイジェルはパーティーに来るつもりだったんだけど、ペンザンスで会議があるんだって」とか、「スージーは来るはずよ――陶芸教室で会った人なの」と期待を裏切らないつまらなさだ。被験者はこのメッセージを聞いて、パーティーの出席予定者の名前を書きとめていく。想像するだけでうんざりだ。

被験者は二つのグループに分けられ、ひとつのグループにはいたずら書きを奨励する。ただしここは慎重にやらなくてはならない。いたずら書きをしていいですよと告げれば、被験者はいたずら書きが実験の重要な部分なのだと思いこみ、自意識が過剰に働いてメッセージを聞くことがおろそかになるだろう。そこで被験者には、四角形や円を印刷した白い紙を渡して、鉛筆で図形の枠内を塗りつぶすよう指示した。

これでは図形を塗りつぶす作業に気をとられて、留守電メッセージを聞くのがお留守になるのでは？　そう思う人も多いだろう。一度にひとつのことをやるより、二つのことを同時にやるほうが難しいからだ。ところが結果は正反対だった。いたずら書きをしたグループのほうが、メッセージをきちんと聞けていたのだ。パーティー出席者は八名で、いたずら書きグループはわずかな例外をのぞいた全員が、八名の名前を全部書きとめていた。いたずら書きをしなかったグループのほとんどは、少なくとも一名は漏れがあった。このあと抜きうちで記憶力テストをした結果、パーティー出席者の名前や、メッセージに出てきた場所の名前を多く記憶していたのはいたずら書きグループだった。

なぜ、いたずら書きをしていたほうが集中できたのか。それは、留守電メッセージから「スイッチオフ」する回数を、いたずら書きが減らしていたからと考えられる。メッセージはわざと退屈につくってあるから、被験者はともすると注意がよそに流れがちになる。いたずら書きは、それを防いだり、引きもどしたりする役目を果たしているのだ。つまりいたずら書きは集中力を保ち、退屈だけど必要な作業を効率よくこなす手助けをしていることになる。会議や授業でのいたずら書きは、話に集中しようという誠実さの表われなのだ。上司や教師はその努力を称賛するべきだろう。

これまでは、退屈なことを避けて時間をやりすごす手段について述べてきた。白昼夢を見る、部屋の片づけをさぼる、ガムを嚙む、いたずら書きをする、そのどれにも利点があり、効能があることがわかった。だが、そのくらいでは太刀打ちできない状況も存在する。退屈で気が乗らない選択肢のなかから、ひとつ選ばなくてはならないときだ。そんな時間はどう考えてもむだだし、意味がない？　実はそうでもないのだ。

タイクツって何だろう？

退屈を知らない人に、それがどんなものか教えてあげるとしたら、どう説明する？　心理学者ならば、退屈は意思も目的もない状態、あるいは宙ぶらりんの状態とでも言うだろうか。もう少し厳密に表現するなら、世界に関わりたい欲求が満たされない状態ということだ。[*7]

もちろん現実では、退屈がどんなものか知らない人にはめったにお目にかかれない。退屈は人間なら誰しも一度や二度は経験することだ。

退屈な状態には、意味などなさそうに思える。それまで順調だった日常生活の流れがとぎれるわけで、ありがたくない経験だ。そもそも、なぜ退屈なんてものが存在するのだろう？　そう思ったあなたはさすがだ。過去にも偉大な哲学者の多くが退屈に注目してきた。

実存主義の専門家であるロンドン大学のクリスティアン・ギリアムは、最近の論文で退屈は時間のむだであるどころか、きわめて重要な目的を持っていると主張している。[*8]

実存主義というのは現代哲学のひとつの流れで、主に存在について考察しながら、「人生の意味とは何か？」と問いかける。この根源的な問いに明解な答えは存在しない。それでも満足のいく答えを得ようとして、それが見つけられない状況を「不条理」と呼ぶ。世界には私たちが与える意味以上の意味はなく、そこに退屈が忍びこんでくる。

ギリアムによれば、退屈は偽りがみじんもない真正な体験であり、それを体験することで、自分が生きていることが確認できる。ギリアムはなぜそんな結論に至ったのか。彼が引用するのは、実存主義哲学の先駆者セーレン・キルケゴールの「退屈は存在にからむいかなるものにも依存しない」という言葉だ。世界の皮相に心を奪われるのをやめると、存在の核心には無と不条理だけが残される。それを私たちは底知れぬ退屈と感じるのだと。

だがこれを否定的にとらえる必要はない。人は退屈すると、そこに意義を見いだそうとする。私たちは退屈を通じて、自分だけの意味を創造しなければならないことを理解するのだ。逆に退屈しない者は、世界にどっぷり浸かった浅薄な人間ということになる。実存主義者の目には、退屈を知らない者は「俗物」と映るのである。

食べ物を探すとか、抑圧に抵抗するとか、生きのびる努力がことさら不要な状況では、人間は自由だが存在としては無だ。退屈を覚えるのはそんなときである。だから退屈は苦痛でありながら、まじりっけなしの経験でもある。哲学者ジャン＝ポール・サルトルはそんな状態を、『ピーターパン』に出てくる迷子たち（ロスト・ボーイズ）にたとえる。彼らはおとなになって、堅苦しくてうそくさい世界に入ることに強く抵抗し、無邪気に遊んで楽しむ子どものままでいようとする。人生を真剣に考えようとすればするほど、人生を否定せざるを得ない皮肉な状況があるのだ。

ギリアムの論文は読みやすくておもしろい。退屈は避けなくていい、受けいれればよいのだと教えてくれる。退屈は偽りがみじんもないほんものの経験であり、可能性が広がり、チャンスが転がっている状態なのだ。なかなか魅力的で、納得できる考えではないか。ただしこれはあくまで「考え」だ。哲学は世界について思考し、推論によって答えを導きだす手段でしかない――論理で行けるところには限界がある。かのシャーロック・ホームズも、直感的な推理を証明するために、現場に足を運んで証拠を見つけなくてはならなかった。そこで科学の出番だ。哲学のさまざまな概念が現実世界で通用するかどうかを試験するのが科学である。では退屈に関して、科学にはどんな言い分があるのか見てみよう。

講義から洗濯まで

現象を心理学的な立場から理解するには、いろんな人に個人的印象を語ってもらうのもひとつの方法だ。それをやってみたのがニューメキシコ大学のある研究で、退屈について学生の被験者に自由回答で答えてもらった。[*9]

退屈になるのはどんな状況か。自分が退屈していることに気づくきっかけは何か。退屈は良いことだと思うか。こんな質問を学生たちに問いかけたわけだが、退屈な状況の筆頭にあがったのは、皮肉なことに「講義や授業」だった。次が「何もすることがないとき」、「何も問題がなく、変化に乏しいとき」となる。自分が退屈していると気づくのは、気持ちが落ちつかない、注意が散漫、飽き飽きしている、やることがないと感じたときだ。回答者の四分の三は、退屈がプラスに働くこともあると考えていた。じっくり思考したり、自分を振りかえる機会になるし、ストレスから解放されてリラックスできる。新しいこと、創造的なことにも挑戦できる。

こうした回答は、退屈は可能性だという哲学的な指摘とも一致している。退屈が人生の意義が失われたしるしだとすれば、人は退屈していることを認識できなくてはならない。ニューメキシコ大学の研究では、学生たちはさまざまなきっかけを手がかりに、退屈している状況を自然に認識していた。また大学で教える身として、退屈なもののナンバーワンが講義だというのはつらいものがあるが、意外ではない。自分が学生のとき、やっぱり講義はきらいだった。もっとも学生たちは、退屈には良い面があることも認めている。自分をかえりみたり、新しいことを試してみる機会になるからだ。

とはいえいま紹介した研究は、ある意味当たり前のことしか言っていない。自分が退屈しているかどうか、誰でもわかることだ。退屈は、有意義な行動への起爆剤とするには威力が弱すぎる。これが退屈ではなく痛みだったらどうか。身体が傷ついて、生存が脅かされているわけだから、痛みという不快な身体反応はぜったいに無視できず、即座に行動するはずだ。退屈をきっかけとして有意義な行動へと舵を切るとしたら、身体に何らかの変化が起きているからではないのか？

カナダ、ウォータールー大学の心理学者チームは、被験者にビデオを見せて、心拍数と皮膚電気反応（第3章）を測定する実験を行なった。[*10] ビデオは三種類あって、まずは二人の男性が洗濯物を干す光景を映した退屈なもの。ときおりどちらかが洗濯バサミをくれと頼む以外、単調な作業がえんえんと四分間続く。被験者全員が太鼓判を押すほど、見ていてつまらない内容だ。次のビデオはＢＢＣの自然ドキュメンタリー番組『プラネットアース』の抜粋で、めずらしい動物や風景が出てくる。これといった感情を喚起せず、あいまいな気分にさせることがねらいだったが、実験者側の意図に反して被験者は「おもしろい」と感じた。そして三番目は映画の一部で、少年が父親の死を嘆く場面。被験者はねらいどおり悲しい気持ちになった。以上三種類のビデオを見てもらい、そのあいだの心拍数と皮膚電気反応の変化を測定したのである。

三本のビデオを見るあいだ、皮膚電気反応は一貫して低下していったが、とくに低かったのは退屈なビデオのときだった。ビデオ視聴が長く続くほど注意が向かなくなり、内容に関心が持てないと注意が格段に落ちる傾向を物語っている。いっぽう心拍数のほうは、退屈なビデオのあいだは上昇したが、他の二本のときは変化なしだった。これは重要な手がかりで、退屈という感情は生理学的に喚起された状態であることを物語っている。退屈は痛みと同様、本人が気づいて対応すべき徴候だという哲学側からの見解とも一致している。もし退屈に行動の変更をうながす可能性があるのだとすれば、それにつながる心理的な変化が起きているはずだ。退屈にはそうした心理面の影響力があるのだろうか？

ターンオン、チューンイン、ゾーンアウト

一九七〇年代に子どもだった人にとって、夏休みはどんな毎日だった？

(a)子どもが子どもらしく過ごせて、外で思いきり遊ぶことができた黄金の日々。
(b)インターネットはないし、テレビのチャンネルもすごく少なくて、単調でおもしろみのない毎日。

実際のところ、どちらも正解だ。だけどテレビはそんなにつまらなくはなかったと思う。チャンネルは三つあって（BBC1、BBC2、ITV）、午前中はどれかで子ども向け番組をやっていた。そのなかで、BBCが放映していた『ホワイ・ドント・ユー？』は、キャッチフレーズが「テレビなんて退屈なものは消して、もっとおもしろいことをやりなよ」というひどいものだった。テレビにかじりついている子どもは、昔から問題視されていたのだ。わからないでもないが、それでも不必要で、記憶に残す価値もないフレーズだったと思う。いくら子どもがテレビに夢中でも、放っておけばいずれ飽きて、自分だけの楽しみを探しはじめるものだ。ペンシルヴェニア州立大学の研究がそのことを証明している。

同大学の心理学者チームが確かめたのは、退屈が創造性を伸ばすかどうかである。[*11] 退屈がきっかけとなって新しい活動や体験に出会えるとしたら、退屈することはある意味自由で創造的な思考スタイルと言えるのではないか？　前に紹介した研究と同様、彼らも被験者にいろいろなビデオを視聴してもらった。退屈なビデオは、コンピューター画面がいろんな色の棒で少しずつ埋まっていくスクリーンセーバーをそのまま録画したものだ。

創造性の評価には、まず言葉を使ったクイズを用意した。被験者に三つの単語を示し、四つめの単語を当ててもらうというものだ。たとえば「寒気、肩こり、熱」の次には、どんな言葉が来るだろう？　第2章で述べたように、こうしたクイズを解くにはひとつの方向に論理を突きつめるのではなく、あらゆる方向に考えを広げ、多くの可能性を想定する拡散的思考が求められる。創造力を発揮するには、この拡散的思考が欠かせない。ということでクイズの正解は「風邪」だ。

創造性を測る手段はこれだけではなかった。たとえば「乗り物」が主題であるとして、「自動車」「ラクダ」「木」といった単語との関連度を答えてもらうのだ。「自動車」は乗り物の代表例みたいなものだから、当然関連度は高くなる。「木」はどう考えても乗り物にはならないので、関連度は低い。問題は「ラクダ」だ。ラクダ自体は乗り物ではないけれど、人がまたがって移動するのに使ったり、車を引かせたりできるから、まあ乗り物と呼べなくもない。このように、関係の遠い単語を関連づけできる人は、創造的な精神の持ち主であることが過去の研究で確かめられている。

実験の結果、ビデオを見て退屈した被験者は三単語クイズの正解が多く、「ラクダ」を乗り物に関連づける傾向が強かった。人は退屈すると、世界との関わりをもっと増やしたくなるのだろうか。そういうはっきりした動機があるときは、柔軟な拡散的思考がやりやすくなる。退屈は、いまやっていることをやめて、ほかの有意義なことをしなさいという合図だと哲学者は主張するが、それとも呼応している。

ミシガン大学とテキサス大学エルパソ校の心理学者チームは、この発想をもっと直接的な形で検証してみた。[12] 彼らが立てた仮説は単刀直入だ――退屈は人をどんな行動に駆りたてるのか。

一五三六個の計算問題

この研究では、ミシガン大学とテキサス大学エルパソ校の学生が何も疑うことなく被験者になった。研究室にやってきた彼らに渡されたのは、二けたの足し算と引き算の問題が印刷された紙の束だった。計算自体はやさしいが、問題はその数で、一五〇〇問以上ある。与えられた時間は三五分。被験者は自分のやりやすいペースで解いていいと言われ、さっそく計算に取りかかった。

計算課題を終えた被験者に、研究チームがあることを告げる。このあと二つ実験を行なう予定だったが、トラブルが発生して時間が足りなくなった。そこで二つのうちどちらかひとつを選択してやってもらいたい。ひとつは、朝食の習慣とか、子ども時代を過ごした場所などをたずねる質問に答えるもの。もうひとつは交通事故で負傷者が出た場面など、感情を揺さぶられる悲しい場面のビデオを見るものだ。ビデオ視聴のねらいは、生理学的な喚起（脈拍や呼吸数の上昇）を調べることで、見終わったあと数分間休息をとってから帰ってもらうという説明だった。

種明かしをすると、トラブルがどうとかいう話はでっちあげだ。簡単な計算問題を山のようにやらされて退屈した被験者が、次にどちらの実験に参加するかを見るために、あえてうそをついたのだ。計算問題で退屈したあと、質問票に記入するという似たりよったりの退屈な作業を選択するのか、それともビデオを見て暗い気持ちになるほうを選ぶのか。それがこの実験の注目点だった。退屈している人は、不快になるとわかっていることをあえて選んだりするのだろうか。

答えはイエスだった。ビデオ視聴を選んだ被験者は四八名中一一名とけっして多くはなかったが、質問票を選んだ被験者とはっきりした差異があったのだ。悲観的な感情を呼びおこすビデオを選択した被験者は、計算問題はおもしろくないし、難しくないし、満足度が低いし、二回はやりたくないと明確に評価を下していた。質問票を選択した被験者は、ビデオ組にくらべると評価はあいまいだった。退屈はいまの行動を変える動機になるという説を、この結果は裏づけている。新しいことなら、否定的な行動にも飛びつくわけだ。そうだとすれば、ホラー映画の人気が衰えないのもうなずける面がある。日常に退屈しているときは、恐怖や不安をかきたてる負の刺激でもほしくなるのだ。ある種の現実逃避だが、ホラー映画はその欲求を満たしてくれるのである。

退屈が世界を広げてくれることもある。ふつうなら見向きもしないことに興味を持ち、ハードルが高くておっかなくてもやってみようと思えるからだ。つまり無為な時間を過ごすのも、それが退屈の域に達すれば悪いことではないというわけ。ところで、いま紹介してきた研究からは、もうひとつおもしろいことがわかった。同じ計算問題をやっても、すごく退屈だと感じる人と、さほどでもない人がいるのだ。なぜだろう？　それは、時間のむだ使いに隠された効用と何か関係があるだろうか。

ＣＤコレクター

六週間の長い夏休み。子どもがやってきて、「つまらないよ」と訴える。親なら誰しも経験があるはずだが、ではそう言われるのは次のうちいつ？

(a) 夏休み五週間目
(b) 夏休み一週間目
(c) 夏休み初日

(a)や(b)と答えた人は、ほんとうに親かどうか疑わしい。私の妻は子どものころ、母親につまらないとこぼすたびに、「つまらない子がつまらないって言うんです」とやり返されたそうだ。なるほど。楽しいことは自分で見つければいいのだ。もっともこの言葉は、科学的根拠となると怪しくなる。退屈は一段劣った状態であり、それを克服できるのが優秀な人間と言わんばかりだが、ほんとうにそうだろうか。

アメリカ、マサチューセッツ州にあるブランダイス大学の精神科医チームは、退屈しやすさと知能の関係に着目した。*13 軍の協力で集まった被験者には、二つの課題をこなしてもらう。まずは、「cd」の二文字を三〇分間えんえん書きつづけるというもの。リラックスして好きなペースで書いていいとはいえ、おそろしく退屈な作業だ。続いて第二の課題に取りくむわけだが、こちらは雑誌の写真を見て短い物語をこしらえるというもの。当然のことながら、被験者は第一の課題のほうが退屈でおもしろくないと評価した。眠気に襲われ、落ちつかない気分になり、無気力になったとも回答している。

この実験の被験者は、「陸軍一般分類検査」という知能指数テストも受けた。第一次〜二次世界大戦時に開発された新兵向け適性検査だ。すると興味ぶかい関連が見えてきた。知能が高い者ほど、同じ文字を書きつづける第一の課題を退屈だと強く感じていたのだ。被験者のなかで最も知能が高い者は、第一の課題に対する退屈度も最高だった。

この結果は、「つまらない子がつまらないって言う」を直接的に否定するわけではないし、「賢い子がつまらないって言う」ではしつけにならない。けれども、退屈はいまの行動を中止して、もっと有意義なことをやれという合図だとする説を考えると、退屈しやすさと知能の高さが関連する事実はそれを裏づけるものだろう。なぜか？　何か作業をするとき、知能の高い人は低い人よりもすぐにやりかたを会得して、楽々とこなせるようになる。退屈とは困難のない状況なので、知能の高い人ほど速く退屈を感じるはずだ。まさにこの実験の結果どおりである。そうなると、やはり退屈は時間のむだではない。それどころか、ためになる時間の使いかたをしていないことに気づかせてくれる、有益な状態なのだ。

これまで、退屈が良いものであるという科学的な裏づけを紹介してきた。だが「退屈すぎて頭がバカになる」といった言いまわしがあるように、退屈も行きすぎるとおつむの回転が悪くなる。ほとんどの人は、それは好ましくないことだと考えるだろう。でも退屈が良いものなら、それが行きついた果てのバカな状態も良いことではないのか？　この本では、良くないことに隠された効能をたくさん解きあかしてきたけれど、だったらバカにだって利点があってもいいはずだ。

おバカなまとめ

『細胞科学ジャーナル』に微生物学者マーティン・シュワーツェが寄稿した文章に、はるか昔の大学時代に机を並べた旧友に再会した場面がある。[*14] 彼女はシュワーツェの知るなかで最も頭が切れる学生だったが、卒業後は科学の道に進まず、資格をとって法曹界に入ったのだった。その理由をたずねたら、驚くべき答えが返ってきた――科学をやっていたらバカになると思ったから。数年間は科学の世界でがんばってみたが、日々自分がバカになると感じて、もううんざりだと見切りをつけたのだそうだ。シュワーツェは彼女の言葉が頭にこびりついて離れなかったが、翌日ふと気づいた。たしかに自分もバカになった気がする。

シュワーツェの説明によると、科学を学ぶことと科学者になることは天と地ほどの開きがある。前者は過去の発見について知識を得ることで、後者は自ら発見を行なうことだ。学生がテストで取りくむ問題にはたいてい「正解」があるが、科学者は自らに問いを投げかけなくてはならない。だがそれは正しい問いなのか、さらに正解が見つかるかどうかわからないことが多い。自分がバカになったという感覚は、人生の実存的な本質に根ざしているとシュワーツェはいう。人生では、どんな問題にも答えが得られるとはかぎらず、おのれの「絶対的な愚かさ」を突きつけられることも多い。ただ、自分の終わりのない無知を知ることで、自由になれる者もいる。シュワーツェの場合は、失敗する可能性が大いにあることを認めつつ、それでももがきながら進むことを選んだ。しかし、バカな自分をたえず意識させられることに耐えられず、学生から科学者へと飛躍する距離があまりに遠すぎるとあきらめる者もいるのだ。

科学という愚かな営みに関するシュワーツェの小論と、退屈について述べてきたこの章には共通点がたくさんある。人生の本質をいやがうえでも見せつけるのが退屈だと私は考えるが、シュワーツェはそれを「絶対的な愚かさ」と表現する。バカになれることが、科学的な発見に至る不可欠なプロセスだとシュワーツェは考えるが、それは退屈が有意義な行動をうながす合図だという主張と呼応している。退屈もバカもまっぴらだと思われるかもしれないが、避けてばかりでは進歩はないのである。

母親の果樹園でぼんやりしていたアイザック・ニュートンも、「バカ」を自称する微生物学者も、無為な時間を過ごすことに隠れた効用があることを教えてくれている。難問の答えは白昼夢を見ているときにひらめくことがあるし、散らかった部屋が創造性を高めてくれる。ガムを噛むのも、退屈にまかせていたずら書きをするのも、独創を刺激する意味ある行動なのだ。退屈でむだな時間こそが、人間だけに許された偽りのない経験と言えるかもしれない。退屈は、いまやっていることをやめて、もっと有意義な行動に切りかえろという合図なのだ。

ひょっとするとこの章は、壮大な疑問を呼びこんでしまったかもしれない。時間の浪費が生産的なのだとしたら、生産的になるのは時間の浪費なのか？　その考察は哲学者におまかせするとして、今度時間の浪費を批判されたら、胸を張って反論してほしい。私は科学を実践しているのだと。

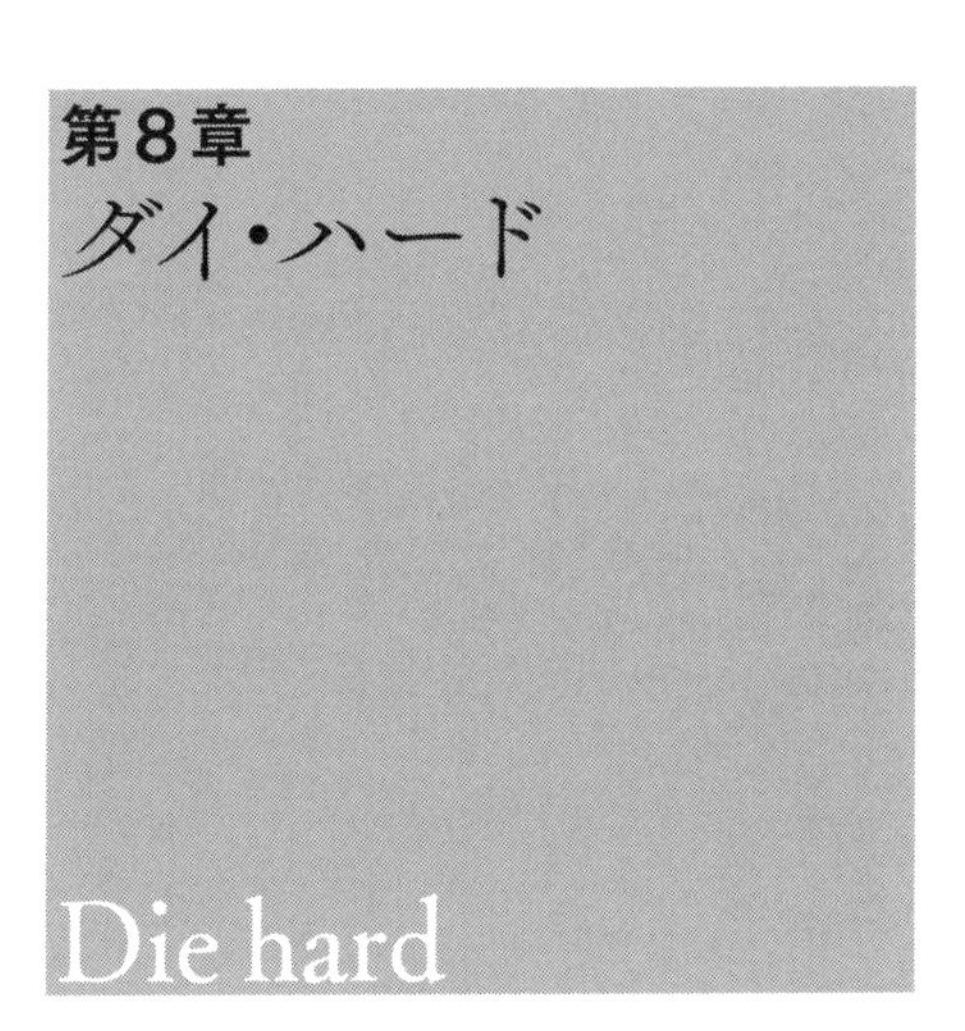

第8章
ダイ・ハード
Die hard

二〇一二年三月、イングランド・プレミアリーグのボルトン・ワンダラーズ対トッテナム・ホットスパーの試合。ボルトンのミッドフィルダー、ファブリス・ムアンバ選手がとつぜんピッチに倒れこんだ。心臓発作だ。心停止状態が一定時間続いて絶望的かと思われたが、奇跡的に意識を取りもどし、一か月後には病院を退院した。驚くほど順調に回復したムアンバだが、さすがに現役を続けることはできず、数か月後に引退を表明。最近では、ＢＢＣのサッカー番組『マッチ・オブ・ザ・デイ』に解説者としても出演している。

ムアンバはピッチ上で倒れたときの不思議な体験を語っている。まるで他人の身体で走っているような奇妙な感覚に襲われ、トッテナムのスコット・パーカー選手が二人に見えたという。それから心臓が停止して意識を失ったのだが、不思議なことに痛みは感じなかった。

このできごとに衝撃を受け、ムアンバと家族に深く同情したのは、フットボールファンとして当然だろう。プロのスポーツ選手である健康な二三歳の若者に、こんな運命が降りかかるとは。私は自分の死も強く意識せざるを得なかった。私はいつ死ぬのだろう？（ずっと先のことだといいが！）どんな死にかたをするのか？（安らかに死ねるといいが）――そもそも、死ぬってどんな感じ？

死は人間の根源に関わる問題だ。地球上の全生物のなかで、自分がいつか死ぬと認識しているのは人間だけ。つまり生きているあいだも、自分の死をつねに心に留めておかねばならないということだ。私はファブリス・ムアンバの知りあいではないので、彼の体験を直接聞くことはできない。だが彼のように、死にかぎりなく接近したあと回復した人はほかにもいて、その体験を心理学の立場から分析した研究はたくさんある。

あやうく死をまぬがれた人は、そのときの記憶がないことがほとんどだが、少数ながら意識があって、強烈で印象的な体験を思いだせる人もいる。死が迫っているにもかかわらず気持ちは穏やかで、トンネルのようなところをくぐるあいだ、いまは亡き家族や友人と出会い、人生のできごとが走馬灯のようにあざやかによみがえる。自らの肉体を離れて、上から見おろしていたという人もいる。このように、死の一歩手前まで行った人が持つ数々の記憶は、「臨死体験」と呼ばれている。[*1]

フランス人がイタリアを訪れる

臨死体験の最も古い記録は、一七四〇年にフランス人医師ピエール＝ジャン・ドゥ・モンショーが書きのこしたものだ。[*2] それによると、イタリア旅行から戻ってきたパリの薬屋が高熱で倒れた。当時の医学では、血液、黄胆汁、黒胆汁、粘液という四種類の体液の過不足が病気を引きおこすと考えられていた。なかでも高熱は血液過多が原因とされ、体内の血を抜く瀉血(しゃけつ)が一般的な治療法だった。

瀉血を受けた薬屋は気が遠くなって失神した。長いあいだ意識が戻らないので心配されたが、ようやく目を覚ましたあと、彼はそのあいだの不思議な記憶をドゥ・モンショーに語った。「身体の感覚がすべて失われ、純粋で強烈な光が現われたので、ここは天国だと思った……人生でこれほどすばらしい瞬間はなかった」

この証言から、臨死体験は強烈で感動的なものだということがわかる。一八世紀に外国を旅するぐらいだから、この薬屋はかなり裕福で贅沢な暮らしをしていたと思われるが、そうした快楽を上回る喜びがあったようだ。死がそんなにすばらしいものだとは知らなかった。それなら恐れることはないだろうし、むしろ歓迎できることかもしれない。

ただ臨死体験は、霊魂とか、場合によっては宗教のからみが出てくるため、科学の世界では扱いが難しい話題だ。人類の起源に関する解釈がまるで異なることからわかるように、科学と宗教は基本的に相いれない。私も科学者であるから、臨死体験の証言には懐疑的だったが、同時にもっと掘りさげてみたいという好奇心もあった。一八世紀の薬屋の記録は、あくまで一個人の話だ。科学の世界ではそれをケーススタディと呼び、科学的証拠としては順位が低い扱いだ。最大の問題は、確かめようがないことである。薬屋は夢を見ていただけではないのか？ということで、もう少し説得力のある臨死体験の証言も紹介しよう。こちらは研究論文に記されたもので、当事者の体験の裏づけもある。

なくした歯の話

オランダのとある病院。意識を失って倒れていた四四歳の男性がかつぎこまれた。*3 男性は全身が青紫色で、ただちに人工呼吸器につなぐことになった。挿管をしようとした看護師が、男性は入れ歯だということに気づく。万が一はずれたら危険なので、口を開かせて入れ歯をはずした。一時間半後、男性の心拍数と血圧は正常に戻ったが、意識はないままで、人工呼吸器もはずせない。男性は集中治療室に移動し、挿管した看護師はそのまま夜勤を続けた。

一週間後、男性は意識を取りもどして集中治療室を出ることができた。彼は倒れたときに夜勤だった看護師を見るなりこう言った。「私の入れ歯がどこにあるのか、この看護師さんが知ってるはずです」これには看護師も仰天した。入れ歯をはずしたとき、男性は昏睡状態だったからだ。男性はさらにこう言った。「私が病院に運びこまれたとき、あなたは私の口から入れ歯をはずして、カートに置いた。カートにはびんがたくさん並んでいて、下側に引き出しがあって、そこに入れ歯をしまったんです」たしかにそのとおりで、看護師はカートの引き出しに入れ歯を保管したのだった。だが意識のない患者が、どうやってそんな細部まで観察できたのか？

この男性は、自分が運びこまれた小さな部屋の様子や、その場にいた医療スタッフの容姿まではっきり覚えていた。幽体離脱も経験していて、看護師や医師が自分に救急処置をほどこす様子を上から眺めていたという。彼らがあきらめて処置をやめたらどうしよう……心配になった男性は、自分は死んでいないから続けてくれと必死で伝えようとしたが、うまくいかなかったという。これについては看護師の証言があって、病院に到着した時点で男性の状態はきわめて悪く、回復の見込みは薄いと誰もが思っていたという。

このように医療スタッフによる補強証拠もあるので、証言には説得力がある。それでも、あくまで個人の話にもとづいたケーススタディであることは変わりがなく、その気になればごまかしやでっちあげはいくらでもできる。やはり複数の臨死体験を扱った研究のほうが、信頼性は高いだろう。

あなた、いま死にかけましたか？

臨死体験を体系的に分析した初期の試みのひとつに、ミシガン大学とヴァージニア大学の精神科医チームが一九七〇年代末に行なった研究がある。[*4] 死の瀬戸際で不可思議な経験をしたという人を探しだして、手紙をやりとりしたり、可能であれば直接会ってそのときの状況を聞きだした。臨死体験に至るきっかけは、病気、外傷、手術、出産といろいろだった。

回答者の半数以上は、臨死状態で好ましい体験をしていた。それまでの人生が走馬灯のようによみがえった人もいれば、ライフレビューといって、過去のすべての体験がパノラマとなって瞬時に再現された人もいる。時間感覚のゆがみも起きるようで、時間の流れが遅くなった人、反対に速くなった人もいた。人の周囲に光やオーラが見えた、雑音や音楽が聞こえた、温かさを感じた、痛みがなくなったなど、異常感覚を覚えた人もいる。何年も前に死んで、生きているはずのない人の存在を感じたという証言もある。トンネルをくぐったとか、この世ではない領域に入った経験も多くの人が語っていた。

回答者の臨死体験に多く共通していたのが幽体離脱だ。自分の肉体を離れて、天井などの別の場所から眺めていたという主観的な感覚で、回答者の証言から詳細かつ興味ぶかい特徴が明らかになった。まず、肉体を出たり入ったりするのはとても簡単で、瞬間的にできるということ。また、肉体を離れた自分の「身体」は、実際の体重よりうんと軽いものの、大きさは変わらない。ただし耳が聞こえないとか、手足が失われているといった障害は消失している。回答者のほぼ全員が、離脱後の自分は自由に動きまわれたが、肉体から数メートル以上離れることはできなかったと話している。

この研究は、薬屋や入れ歯の男性のケーススタディより印象ぶかい。一個人の回想ではなく、多くの人に共通する体験が浮きぼりになっているからだ。ただ信頼度は増したとはいえ、科学として突きつめればどうしてもあいまいさはぬぐいきれない。その理由のひとつが、やはり主観に偏りすぎているということだ。回答者は、臨死体験者求むという研究者チームの募集に応じた人たちだ。この種の研究にはつきもののリスクだが、どんなに純粋な善意からであっても、やはり集まってくるのは変人だったり、注目されたくてたまらない人だったりする。しかもこの方法では、臨死体験の発生率（死にかけた人の何割が臨死体験をするのか）ははじきだせない。死の瀬戸際まで行ったものの、記憶に残るような臨死体験をしなかった人の数がわからないからだ。回答者の臨死体験が、平均三〇年、最高で六〇年も昔のことなのも問題だ。これだけ時間がたつと、記憶の信頼性はかなり落ちてくる。実のところ、臨死体験に「科学的」、すなわち客観的な研究手法が導入されるようになったのは、わりあい最近のことなのだ。

世にも奇妙なボード

実在するのかどうかも含めて、臨死体験に対する公正な評価は、時代が二一世紀にかわるころにようやく出現した。それはイギリス南部にあるサウサンプトン総合病院のサム・パーニアらが行なった研究で、心停止になって同病院に運びこまれ、蘇生した患者を対象にしたものだった。[*5] 病院の救急連絡システムを経由して入ってきた患者は、蘇生したかどうか交換手が記録に残すことになっていたため、条件を満たす患者を特定するのは容易だった。しかも彼らは、臨死体験の研究対象としてもうってつけだった。心拍出量（心臓の鼓動のこと）と呼吸努力がなく、死亡宣告ができる三つの基準のうち二つを満たしているからだ。さらに言えば、三つめの基準である瞳孔反射の喪失も起きていることが多い。

研究は三段階に分かれている。最初は、心臓発作で意識を失っていたあいだの記憶の有無をたずね、もし記憶があればできるだけくわしく記してもらった。一年間に蘇生が成功した患者六三名のうち、無意識のときに考えていたことを思いだせた人は七名。そのうち四名は、自分が死との境目にいて、平安で喜びに満ちた気持ちになり、感覚が研ぎすまされて、時間の流れが速くなったと答えた。こうした証言は過去の研究での記録と一致する部分が多いため、臨死体験であると分類された。他の二名も臨死体験でよく言われることを覚えていたが、前の四名ほど典型的ではないと判断された。最後の一名は、山から飛びおりるというめずらしい体験を記憶していた。

研究の第二段階では、心停止時の生理学的状態が、無意識下での記憶に影響するかどうかを検証した。許可を得て患者のカルテを閲覧し、臨死体験者と認定された四名と、それ以外の五九名について、血液中の酸素、ナトリウム、カリウムの濃度を調べる。二つのグループで顕著なちがいがあったのは血中酸素濃度で、臨死体験者のほうが高くなっていた。

これは注目すべき結果である。というのも、臨死体験で感覚が鋭敏化したり、時間が加速したりするのは、脳の酸素不足が原因という説がけっこう有力だったからだ。脳が酸素に飢えた状態だったというのだ。ところがサウサンプトンの研究では、臨死体験中の無意識の脳は酸素不足どころか、充分に酸素があったのである。むしろ脳に酸素が行きわたっていたからこそ、臨死体験は鮮明なものとなり、記憶に残ったと考えることもできる。

研究の第三段階は臨死体験の評価だが、その方法は単純でありながら実に巧みなものだった。実は研究者チームは、あらかじめ病院の全病棟の天井に特製のボードを設置していた。下から見ればただの板だが、上半分に言葉や絵が書かれていて、天井からでないと見えないように工夫されている。実験期間中に臨死を体験した人は、掲示板に書かれた内容を見ているはずだ。臨死体験が実際に起こったことなのか、それとも想像の産物なのかを確かめる公正かつ客観的な方法だった。

研究のためとはいえ、病院の天井からたくさんのボードを吊りさげる作業は多大な困難をともなった。それでもここには、未知の世界を探るために論理的な手段で検証を行ない、証拠を集めるという科学の本質がある。白衣を着たり、ハイテク装置を動かしたり、難解な数式を並べたりするだけが科学ではない。幽体離脱と呼ばれる現象の証拠を公正な方法で集めるために、ローテクの掲示板を使う——科学的調査のねらいをしっかりとらえた、単純で正攻法のアイデアだ。

だが、さんざん苦労して設置したにもかかわらず、臨死体験者七名のなかでボードを見た人は皆無だった。素朴だが独創性あふれるこの調査手法は、残念ながら有効かどうか確かめることはできなかった。だがそんなことではへこたれないのが研究者だ。二〇一四年には、同じメンバーがふたたび挑戦したこの研究の最新版が公表されている。*6

二〇一四年版の研究は方法を改良し、規模も三か国の一五病院に拡大した（イギリス、アメリカ、オーストリア）。前回と同様、心拍と呼吸が消失して心停止と診断されながら、蘇生が成功した患者が対象となる。蘇生処置がよく行なわれる救急部門や、急性期医療の病棟には、上からしか見えない絵を描いたボードを天井近くに設置した。幽体離脱を経験したと報告する患者が、ボードの絵を正確に思いだすことができれば、離脱現象が実証されたことになる。

科学論文を読んでいて、続きが知りたくてわくわくすることはめったにないが、この論文は例外だった。前回の研究についてブログで書いたこともあって、私は興味津々だった。幽体離脱というつかみどころのない現象を、科学の網が今度こそ捕らえることができたのか？

まずは研究の基本データを記しておこう。三か国の一五病院で、研究期間中に行なわれた蘇生処置は計二〇六〇回。成功率は一六パーセントだった。現時点では、蘇生がうまくいく可能性はこんなところだ。蘇生が必要になる段階で、患者はかなり重篤な状態に陥っていることを忘れてはいけない。いくら医学が進歩したといっても、蘇生はあくまで最終手段であり、そのまま亡くなる人がほとんどなのだ。そして無事に蘇生できた患者も、病状が思わしくなかったり、問いあわせの手紙に返事がなかったりで、会えない人が多かった。残念なことに、一度蘇生しながらその後亡くなった人もいる。面談にこぎつけた患者のうち、臨死体験の一般的な定義に当てはまりそうな人は九パーセントいた。だが鮮明な臨死体験を記憶していたとなると、前回とちがってたった二人しか見つからなかった。

そのうちひとりの男性は、処置室の天井の隅に女性がいて、手招きをしていたのを覚えていた。行くのは無理だと感じたものの、向こうは自分を知っているみたいだし、信頼できそうな女性だし——そう思った次の瞬間天井に浮いていて、自分の肉体や医療スタッフの姿を見おろしていた。「電気ショック！　電気ショック！」という指示や、「ずんぐりした」はげ頭の男性や看護師が青い手術衣を着ていたことなど、記憶は詳細かつ鮮明だ。彼の臨死体験はとつぜん終了し、次に覚えているのはベッドの上で意識を取りもどし、あなたは昏睡状態だったと看護師から言われたことだ。

もうひとりの臨死体験の記憶は断片的だった。天井から下を見ていて、看護師が自分の肉体に心臓マッサージをほどこしたり、医師が「自分ののどに何か入れている」のがわかったという。いよいよここからが核心だ。はたしてこの二人は、天井から下がったボードの絵を覚えていたか？

……申し訳ない。またしても肩すかしだ。今回の研究では参加した病院の数が多く、病棟すべての部屋にボードを設置することは不可能だった。そこで救急部門や急性期医療棟など、蘇生処置がよく行なわれる場所に限定してボードを下げた。そして臨死体験をした二人が蘇生処置を受けた部屋には、あいにくボードはなかったのである。この研究では、過去に例がないほど臨死体験の実態に迫ることができた。それでも幽体離脱がほんものかどうか、確証を得る機会をまたも逃したのである。

だが、これが科学だ。おとぎ話のような結末などめったにない。研究者チームは、最初の体験者にさらに詳細な聞きとり調査を行なって、いろんな角度から検証を試みた（二番目の患者はその後体調が悪化して、話が聞ける状態ではなくなった）。蘇生処置中の医療スタッフの顔ぶれや行動、聞こえてきた音などはカルテから裏づけが得られた。けれども、もしその部屋にボードが下がっていて、この男性がその記号や絵を覚えていたら、これ以上の決定的な証拠はなかったはずだ。

臨死体験と幽体離脱はあまりにわかりやすく、それだけに霊的な含みを持つこともある現象だ。いまだ有力な科学的証拠が見つかっていないこともあって、その原因については研究者のあいだで議論が続いている。現時点では、二つの有力な解釈がしのぎを削っている状況だ。

トンネルをくぐる、まぶしい光に照らされる、すでに世を去った近親者が現われる、ライフレビューを見る――これらが多くの臨死体験に共通する特徴だ。毎回ではないが、ここに幽体離脱が加わることもある。これらはどれも、死後の世界をかいま見ているのではないかという解釈がある。[*7] 従来の科学では説明できない超常現象と位置づける超科学的立場だ。これに対して〝通常の〟科学は、臨死体験は身体の外傷にともなう心理的ショックで説明できると考える。

ロンドン大学ゴールドスミス・カレッジの心理学教授クリス・フレンチは、臨死体験について科学的な説明をいくつか提唱している。[*8] トンネルやまばゆい光、幽体離脱、多幸感は、ほかの科学文献でも報告されている現象だ。たとえば戦闘機のパイロットに下向きの大きな加速度がかかると、脳に血液が流れなくなって視野が喪失し（ブラックアウト）、さらには意識を喪失する（G－LOC）。このときパイロットは臨死に似た体験をすることが報告されている。脳内の酸素量が減少して、不思議な体験をするところはG－LOCと蘇生処置の共通点だ。

生理学的な急変も、臨死のような体験を引きおこすことがある。心拍や呼吸が停止すると脳にけいれんが起こることがあるが、てんかん患者も発作中に幽体離脱を体験したという報告がある。脳の電気活動ということで言えば、脳外科手術では患部を厳密に特定するために、患者が意識のある状態で脳のさまざまな部分に弱電流を流して反応を観察することがある。この電気刺激がきっかけで、患者がライフレビューを見ることもある。臨死体験はおおむね幸福なものとして記憶されるが、これも死の瀬戸際にあるショックでエンドルフィンが多量に分泌されたためではないだろうか。エンドルフィンは脳内麻薬とも呼ばれるように、薬物のヘロインとよく似た「ハイ」の状態をつくりだす。

臨死体験を超常現象だと考える人は、意識を失っているあいだの体験を患者が詳細に思いだせることを指摘する——入れ歯のエピソードがまさにそうだ。だが蘇生処置の途中でも意識が戻る瞬間がときおりあるため、そのときに起きたことは記憶に残っている可能性がある。それに臨死体験は深い無意識のあいだではなく、無意識に落ちる途中、あるいは意識が戻りかけたりするときに起きるのかもしれない。

幽体離脱も、現実味に富む幻覚で説明できる。スウェーデンのカロリンスカ研究所に所属する神経科学者が、健康な被験者に幽体離脱を体験させるという興味ぶかい実験を行なっている。[*9] 被験者は自分が肉体から抜けだして、背後の椅子に座っている感覚を味わった。つまり自分自身を背後から眺めたのである。

幻覚を可能にしたのはハイテクの３Ｄビデオと、ローテクのほうきの柄だった。被験者は、バーチャルリアリティを体験するときのようなヘッドマウントディスプレイを装着して椅子に腰かける。ディスプレイに流れる映像は、被験者の頭と同じ高さで背後に設置した３Ｄカメラのもの。つまり被験者は、後方に置かれたもう一脚の椅子に座って、自分のうしろ姿を眺めているような状況だ。

しばらくたったあと、実験者がほうきの柄の先で被験者の胸を軽く押す。被験者はディスプレイを着けているし、死角になっているところから接近するので、ほうきの柄は見えない。これとタイミングを合わせて、３Ｄカメラの前にもほうきの柄を突きだす。被験者は、自分をつつくほうきの柄をディスプレイを通じて見ているような形になるのだ。

これは被験者の感覚を激しく混乱させる。ディスプレイには自分のうしろ姿が映っていて、そこにほうきの柄が迫ってくる。その瞬間、まぎれもなく柄で押された感覚を体験するのだ（被験者を実際に押す柄はカメラには映らない）。これによって、自分の身体を外から眺めているような幻覚が生じる。

ここまでならよかったのだが、研究者チームはさらにギアを上げて、倫理面でどうかと思われる実験も行なった。３Ｄカメラの前で金づちを振りあげたのだ。ほうきの柄でつつかれた被験者は、すでに幻覚状態になっている。ディスプレイに映る金づちを見て、ほんとうに殴られると思いこむのだ。被験者が恐怖を感じていることは、身体的ストレスを調べる皮膚電気反応で確認できた（第3章）。この研究では、たとえ臨死体験でなくても、人は自分の肉体から抜けでた感覚を持てることを教えてくれる。

超科学派と科学派、どちら側からの議論にも耐えうるのが臨死体験のひとつの特徴とも言えるだろう。とはいえ超科学的な解釈を支持する人びとは、臨死を体験するのが、蘇生成功者のうちごく一部に過ぎないことから、科学的な説明は不可能だと主張する。臨死体験が生理学的、心理学的な原因で引きおこされるのだとすれば、臨死体験例はもっとあってもいいはずだというのだ。

しかし科学派の主張はそれとは正反対だ。人間には個人差があるから、脳内の酸素濃度が低下したときの影響も一様ではないとクリス・フレンチは強調する（このことはG‐LOCに陥った戦闘機パイロットの研究でも確認ずみだ）。こうした個人差と、蘇生処置中の酸素濃度のばらつきを考えれば、臨死体験をする人としない人が出てくるのも当然だというのである。

従来の科学原理では完全に説明がつかない点は、超科学派と科学派がどちらも認めるところだ。クリス・フレンチも述べているが、意識が肉体を離れて天井に浮かぶ現象が何らかの形で実証されるとしたら、意識は脳の作用の産物だという神経科学の大前提を考えなおさなくてはならない。天井から吊りさげたボードは、実は大変な役目を担っていたのである。

「実在する」現象かどうかはともかく、蘇生処置を受けた人の一〇～一五パーセントに起こるという臨死体験は、人生を大きく変える強烈なできごとだ。オランダのアーネム州立病院で、心臓病学者を中心としたチームがそんな研究を行なっている。臨死体験者のその後の人生は、いったいどうなったのか？[*10]

死に瀕して生きることを知る

オランダのこの研究は、国内の一〇の病院で蘇生に成功した患者に話を聞くというもので、その意味では先に紹介した二つの研究とよく似ている（ただし天井からボードを下げるなどの工夫はない）。条件を満たす患者三四四人のうち六二人が、心拍と呼吸が停止していたときの記憶があると答えた。そのうち肯定的な感情、トンネルの通過、ライフレビュー、死者たちとの再会など、典型的な臨死体験があった人は四一人いた。

その二年後、研究者チームは臨死体験のあった人、なかった人を含めてもう一度連絡をとってみた。すると臨死体験をした人は、そのことをきっかけに大きな変化があったことが判明した。臨死体験者は、非体験者にくらべて死をあまり恐れなくなり、死後の世界があると信じる人が多い。人生の意味を追求することに熱心で、愛情を表現したり、他者を受けいれることをいとわない。この研究は息長く続けられ、最初の面談からさらに八年後にも患者に接触を試みた。このときも、意識を失って死の淵をさまよっていたときの記憶がない人より、臨死状態を体験した人のほうが死を恐れる気持ちが薄いという結果が得られた。

臨死体験そのものはわずか数分間のできごとなのに、これほど長きにわたって影響が続くのは驚くべきことだ。臨死体験が「現実」かどうかは別として、それをきっかけに本人が自分の人生や生きる姿勢を見なおしたのは事実だ。もっとも、そのこと自体は驚きではない。この章の最初で述べたように、死への恐怖心は、死がどんなものか知らないことから来ている。けれども臨死を知った人の大多数は、肯定的な体験だったと証言している。そうなれば心理的な作用で、死への考えかたが根本から変わるのも当然だろう。臨死体験が現実のものか、それとも想像の産物なのかは重要なことではない。どちらであれ、体験した人は生きかたががらりと変わるほど影響を受けるのだ。

臨死体験を探る研究から推察するに、死ぬ瞬間は喜びに満ちているのかもしれない。心強い話だ。この本のテーマに当てはめるならば、それこそが死の隠れた効用なのかもしれない。一般に思われているほど、恐ろしいものではないということだ。

死が意外にも喜ばしい体験であることは、科学がもうひとつ理由を示してくれている。まずはこんなシナリオを頭に描いてほしい。あなたはこの一年、とても忙しかった。仕事が激務続きだったし、私生活でも息をつくひまがなかった。それでも来週から待ちに待った休暇だ。そのために何か月も前から海外旅行の準備をしてきた。白い砂浜、穏やかな青い海、さわやかな気候を満喫しながら、家族とのんびり過ごす。大きなビーチタオルを広げて横になり、冷たい飲み物を味わえば、至福のため息がもれるにちがいない……。

最高のクリスマス休暇

夢のような休暇だが、あいにく現実はうまくいかないものだ。一週間後、あなたと家族はビーチリゾートにいる。けれども現地までの移動は、休暇旅行というより軍隊の遠征だった。荷づくりをしたはいいけれど、すぐに必要なものがカバンの底にあって出せない。子どもたちはご機嫌斜めでなだめるのもひと苦労。やっとビーチに着いたと思ったら、日焼けどめを忘れたことに気づき、コンドミニアムまで一五分の道のりを引きかえすはめになった（道路の交通量が多いのも予想外だった）。ビーチに戻って腰をおろしたとたん、お魚をとる網がほしいと娘が言いだした。わかったわかった。その前にまずは冷たいコーラでもと思ったら、商店の冷蔵庫が故障中。ぬるくて甘ったるいコーラを飲み、あなたは自分にむち打って買い物に行くのだった。思いえがいていたのは、こんな休暇じゃない。

ちょっと話をふくらませたのは認めるが、物事は往々にして思ったとおりには進まないものだ。「往々にして」を「かなりの確率で」と言いかえてもいいかもしれない。期待と現実が食いちがうことはめずらしい話ではないからだ。とくに私たちがへたなのは、何か起きたときに自分がどんな感情を抱くかという予測だ。これを心理学では「感情予測」と呼んでいるが、研究に研究を重ねるほど、人間には未来の感情予測がからきしできないことが明らかになる。

アメリカのロチェスター大学が行なった研究では、未来のできごとに対する予測と、実際の感情を比較する実験を行なった。[*11] 学生の被験者に、まず写真の説明文を読んでもらう。

「海に夕陽が沈み、それを眺めるようにヤシの木がはえている」

「警官たちが警棒を振りあげて、地面に倒れこんだホームレスの男性に殴りかかろうとしている」

こんなぐあいだ。続いて、「不快だ」から「楽しい」まで何段階かに区切った評価スケールを使い、写真を見たときにどんな気持ちになるかを予測してもらう。そして数週間後、写真を見せられた被験者は、実際の感情を同じスケールで評価するのだ。

実験の結果、予測した感情と実際の感情のあいだには隔たりがあって、その幅は状況によって変わってくることがわかった。写真を見たときに、予測より「楽しい」と感じた被験者は五一パーセント、反対に予測より「楽しくない」と感じた被験者は四九パーセントだった。私たちの感情予測がいかに当てにならないかよくわかる。もっとも、この実験手法は公正さに欠けると批判されそうだ。説明文だけでは想像の余地がありすぎるので、写真を目にしたとき、予測した感情より大きなぶれが生じるというのである。それならば、写真ではなく現実の体験で比較するほうがよさそうだ。

ということで、ヴァージニア大学の心理学者チームが実験を行なっている。[*12] 舞台に選ばれたのは、アメリカンフットボールの全米大学対抗戦、つまりカレッジフットボールの重要な一戦で、ノースカロライナ大学とヴァージニア大学が激突した試合だ。アメリカ人でない読者のために説明すると、アメリカのカレッジフットボールは、大学スポーツと聞いて想像する域をはるかに超えている。たとえばヴァージニア大学に所属するヴァージニア・キャヴァリアーズは、大学の敷地内にあるスコット・スタジアムが本拠地で、収容人数は六万一五〇〇人。すごい数だと思われるかもしれないが、全米の大学フットボールスタジアムとしては二七位でしかない。

実験の被験者はアメフト好きの学生から募った。まず試合の二か月前、キャヴァリアーズが勝ったとき、負けたときのそれぞれについて試合後の感情を予測してもらう。応援するチームが勝てばうれしいと予測するのは、ファンであれば当然だ。そして試合は、キャヴァリアーズの勝利に終わった。ところが試合翌日に調べた被験者の感情は、事前の予測レベルよりはるかに低かったのである。ここでも、人は未来の感情予測が不得意であることが判明した。アメフトの試合は現実のできごとなので、写真の説明文を読むだけの実験よりも結果に説得力がある。ただそれでも、試合観戦はあくまで受け身の体験だ。感情予測する本人が、当事者として直接関与するできごとだとどうなるだろう？

生活の根幹にかかわるような体験で、同様の実験ができないだろうか。そう考えたヴァージニア大学の別の研究者チームは、ぴったりのシナリオを見つけた。[*13] 同大学には一二の学生寮があり、一年次を終了したところで、二年次から卒業までを過ごす学生寮が決定される。学生寮は外観の特徴もさることながら、それぞれスポーツが得意とか、名物パーティーが開かれる、マイノリティに寛容といった独特の気風がある。つまり学生によって、入りたいところとそうでないところがあるわけだ。学生寮の振り分け発表は前夜から寝ないで待つのが伝統で、結果を知った学生たちは踊りあがったり、がっくりうなだれたりと悲喜こもごもだ。ヴァージニア大学の学生にとっては一大事であり、生活に多大な影響をおよぼすできごとでもある。

そこで研究者チームは、振り分け発表直前の学生たちを対象に調査を行なった。一二ある学生寮のどれかに入ってから一年間、自分がどの程度幸福でいられそうかたずねた。そして一年後、同じ学生に実際の幸福度をたずねたのだ。すると、学生たちは寮の振り分けであれだけ大騒ぎし、一喜一憂していたにもかかわらず、結果は写真やアメフトの実験のときと変わらなかった。学生たちは、どの寮に入れるかを過大視しており、それが未来の幸福度を大きく左右すると予測していたのだ。希望していた寮に入れなかった学生は、一年前に予測していたより幸福度を高く評価していた（幸福度は数字で示してもらった）。いっぽう希望どおりの寮に入れた学生は、予測ほど幸福ではなかったという回答だった。結局のところ、学生寮が希望どおりでもそうでなくても、学生の幸福度に差はなかったのである。

これらの研究から、私たちは未来のできごとに対する感情を予測するのがへただということがわかる。だがそれを死にも当てはめてよいものか。それを考えるために、まず感情予測がことごとくはずれる理由を理解しておこう。これについてニューサウスウェールズ大学の心理学者チームが下した結論は、「感情は時間の流れを先まわりできない」だった。[*14] できごとが起きている最中の心理は、事前にそのことを予想したときの心理状況から大きくかけ離れている。死は痛みや苦しみからの解放かもしれないが、そのことをあらかじめ想像することはできない。もしできるなら、死の瞬間は私たちが思っているよりずっと好ましいものになるだろう。死に至るまでの痛み、気分、ストレスも、日常生活での体験からとてもつらいものだと想像してしまうが、実際はまるでちがう感じかたになるかもしれない。

未来の感情反応を正確に予測できない理由はもうひとつある。それは「焦点化」と呼ばれる思考の偏りだ。先に記した休暇旅行のシナリオがその典型的なもので、ビーチでのんびり過ごすことにばかり焦点がしぼられ、子どもの世話もしなくてはならないことがすっぽり抜けおちているのだ。

過去の事例を「あれもこれも」並べるのではなく、極端なひとつを基準にしたがる傾向も焦点化と言えるだろう。だからかわりばえしないいつものクリスマス休暇ではなく、「最高のクリスマス休暇」を何かと引きあいに出したがる。

死を考えるときも同様で、愛する人たちに囲まれて安らかに息を引きとる最期ではなく、悲惨な交通事故で生命を落とすといった悲劇的な死にかたに焦点化が働いてしまう。感情予測の精度を左右する最大の要因は、対象となるできごとをどれだけ熟知しているかだ。毎朝飲む一杯の紅茶のように、身近でよく知っていることなら予測は簡単だし、はずれることはない。けれども死は、あらかじめ経験しておくことができないので、正確な予測はまず不可能だ。

それでも、この章で見てきた研究の数々は貴重なヒントを与えてくれる。ニューサウスウェールズ大学の心理学者チームは、重要だが見おとしがちな点に注意を向けることが、感情予測の精度を上げるコツだと示唆している。その意味で、臨死体験を掘りさげた研究報告は、死の瞬間がどんなものかを知るのに役に立つし、体験者の多くがそれを喜ばしく感じていたことも安心材料になるだろう。

これでおしまい

死は忌むべきものと思われているが、この章ではそこに隠れた効用はないのか考えてみた。心停止状態の記憶を残す人びとの証言では、不快で苦しかったという話はごく少数で、感覚が研ぎすまされ、喜びと平穏に満ちた体験だったと振りかえる人が多かった。イングランド・プレミアリーグの選手で、試合中に心臓発作で倒れたファブリス・ムアンバも、心停止状態のあいだ痛みはなく、言葉では説明できない奇妙な感覚だったと語っている。

死ぬときは、いったいどんな感じなのだろう？　私たちは、未来の感情を正確に予測するのがとてもへたなので、この問いにはぜひとも答えがほしい。これまで得られた証拠からすると、心停止で死ぬときは、何も感じなかったり、喜ばしい気持ちになったり、神秘的な感覚があったりするようだ。ほかの死因でもそうなのかはわからないが、心づよい話ではある。いまはまだおぼろげな影でしかなくても、いずれ死は迫ってくる。けれども、死はかならずしも怖いものではないと思えば、気も楽になるし、くよくよ悩むことなく日々を送れるにちがいない。

謝辞

この本で取りあげた話題をさまざまな形でふくらませてくれた、マリア・J・グラント、ジェイミー・ジョゼフ、ニコラ・ジョーンズ、イアン・キャンベル、マーティン・フリッシャーに感謝する。また、マーク・エイブラハムズ、ジェイムズ・ハートリー、マイケル・マリーの支援と助言にも感謝している。アリソン・ピッカリングの編集作業は手早く的確だった。娘の小学校のブリヴァント先生は、「公正なテスト」としての科学というコンセプトを提供してくれた。最後に、キール大学の学生たちに心からの感謝を伝えたい。日々進歩する心理学研究の最前線に私が立っていられるのも、彼らの熱意とエネルギーがあればこそだ。

訳者あとがき

本書は *Black Sheep: The Hidden Benefits of Being Bad* (John Murray Learning, 2015) の全訳である。著者のリチャード・スティーヴンズは二〇年のキャリアを持つ心理学者。現在、イギリスのスタッフォードシャーにあるキール大学心理学科で上級講師を務めている。本書でも紹介されている「悪態が痛みをやわらげる」研究は、二〇一〇年のイグ・ノーベル平和（!）賞を受賞した。二〇一四年には、科学研究と社会の橋わたしを支援するウェルカム・トラスト・サイエンス・ライティング賞を受賞しており、ツボを押さえた軽快な文章で心理学研究の最前線を案内してくれる。

この本で取りあげているのは、深酒、セックス（不倫）、悪態、恋わずらい、無謀運転などのちょっと困った行為だ。物議をかもし、白い眼で見られ、へたをすると生命を失う危険もあるというのに、「わかっちゃいるけどやめられない」悪癖の数々。誰でもひとつやふたつは身に覚えがあるはず。

原題の"Black Sheep"とは、白い羊の群れに一頭だけ混じった黒い羊のことで、集団のなかで浮いているはみだし者を指す。良識があって規範を守る白い羊のなかで、ときおり黒い羊がおバカなことをしでかす。でもそれって、実は何かの役に立っているのかも――心理学者たちはそんな疑問を抱いて、「悪癖の効用」を探ってきた。

だけど、セックス＝表情筋エステ説ともなるとさすがにこじつけっぽいよね――そう笑う読者はこの本の核心を突いている。自然科学は、目の前で起きた二つの現象に因果関係や相関関係の有無を探ろうとするが、心理学は扱う現象が身近なだけに、直感や常識が入りこみやすい。だから心理学者たちは、思いこみを排除し、客観的な（しかも安あがりな）方法で仮説を検証しようと、知恵と工夫を重ねる。その結果、「やっぱりただのこじつけでした」で終わる研究だってあるだろう。でもそれが科学ってもの。この本は、著者をはじめ日々がんばる心理学者たちへの応援歌でもあるのだ。

二〇一六年七月　藤井留美

図版クレジット

図 1.1　Experiments on penile turgidity (© Oxford University)

図 1.2　Mating squid (© iStock)

図 2.1　Scene from *The St. Valentine's Day Massacr* (1967) directed by Roger Corman (© Everett Collection Historical/ Alamy)

図 3.1　Knitting needle counter (© Shutterstock.com)

図 3.2　Production workers packing detergent (© Cincinnati Museum Center/ Getty)

図 4.1　Steve McQueen in *Bullitt* (© Photos 12/ Alamy)

図 4.2　Stirling Moss following his 1962 crash (© Daily Mail/ Rex/ Alamy)

図 5.1　The Capilano Bridge (© Shutterstock.com)

図 5.2　Cara Delevingne (© Wenn Ltd/ Alamy)

図 6.1　Le Bon Genre/ Promenades Aériennes (Promenades aériennes/ © RMN - Grand Paris/ Jean-Gilles Berizzi/ McCEM)

図 7.1　The rooms used in the orderly and disorderly conditions on Experiment 3 of the study by Kathleen D. Vohs and her colleagues (© Vohs, K. D., Redden, J. P. & Rahinel, R.)

図 7.2　A 1919 newpaper advertisement for Wrigley's Chewing Gum.

*9 Ehrsson, H. H. (2007), 'The Experimental Induction of Out-of-Body Experiences', *Science*, Vol. 317, No. 5841, p. 1048.

*10 van Lommel, P., van Wees, R., Meyers, V. & Elfferich, I. (2001), 'Near-death experience in survivors of cardiac arrest: a prospective study in the Netherlands', *The Lancet*, Vol. 358, No. 9298, pp. 2039–45.

*11 Hoerger, M., Chapman, B. P., Epstein, R. M. & Duberstein, P. R. (2012), 'Emotional intelligence: A theoretical framework for individual differences in affective forecasting', *Emotion*, Vol. 12, Issue 4, pp. 716–25.

*12 Wilson, T. D., Wheatley, T., Meyers, J. M., Gilbert, D. T. & Axsom, D. (2000), 'Focalism: A source of durability bias in affective forecasting', *Journal of Personality and Social Psychology*, Vol. 78, Issue 5, pp. 821–36.

*13 Dunn, E. W., Wilson, T. D. & Gilbert, D. T. (2003), 'Location, location, location: The misprediction of satisfaction in housing lotteries', *Personality and Social Psychology Bulletin*, Vol. 29, No. 11, pp. 1421-32.

*14 Dunn, E. W. & Laham, S. A. (2006), 'A user's guide to emotional time travel: Progress on key issues in affective forecasting' In: Forgas, Joseph P. (ed.), *Hearts and minds: Affective influences on social cognition and behavior*, Frontiers of Social Psychology Series (Psychology Press, New York, 2006).

why elation and boredom promote associative thought more than distress and relaxation', *Journal of Experimental Social Psychology*, Vol. 52, pp. 50–7.

* 12 Larsen, R. J. & Zarate, M. A. (1991), 'Extending reducer/ augmenter theory into the emotion domain: The role of affect in regulating stimulation level', *Personality and Individual Differences*, Vol. 12, Issue 7, pp. 713–23.

* 13 London, H., Schubert, D. S. P. & Washburn, D. (1972), 'Increase of autonomic arousal by boredom', *Journal of Abnormal Psychology*, Vol. 80, Issue 1, pp. 29–36.

* 14 Schwartze, M. A. (2008), 'The importance of stupidity in scientific research', *Journal of Cell Science*, Vol. 121, p. 1771.

第8章 ダイ・ハード

* 1 Groth-Marnat, G. & Summers, R. (1998), 'Altered beliefs, attitudes and behaviors following near-death experiences', *Journal of Humanistic Psychology*, Vol. 38, No. 3, pp. 110–125.

* 2 Charlier, P. (2014), 'Oldest medical description of a near death experience (NDE), France, 18th century', *Resuscitation*, Vol. 85, Issue 9, p. e155.

* 3 van Lommel, P., van Wees, R., Meyers, V. & Elfferich, I. (2001), 'Near-death experience in survivors of cardiac arrest: a prospective study in the Netherlands', *The Lancet*, Vol. 358, No. 9298, pp. 2039–45.

* 4 Greyson, B. & Stevenson, I. (1980), 'The phenomenology of near death experiences', *Am J Psychiatry*, Vol. 137, Issue 10, pp. 1193-6.

* 5 Parnia, S., Waller, D. G., Yeates, R. & Fenwick, P. (2001), 'A qualitative and quantitative study of the incidence, features and aetiology of near death experiences in cardiac arrest survivors', *Resuscitation*, Vol. 48, pp. 149–56.

* 6 Parnia, S., Spearpoint, K., de Vos, G., Fenwick, P., Goldberg, D., Yang, J. et al (2014), 'AWARE–AWAreness during REsuscitation–A prospective study', *Resuscitation*, Vol. 85, Issue 12, pp. 1799–1805.

* 7 Facco, E. & Agrillo, C. (2012), 'Near-death experiences between science and prejudice', *Frontiers in Human Neuroscience*, Vol. 6, Art No. 209.

* 8 French, C. C. (2009), 'Near-death experiences and the brain' In: Murray, Craig. D. (ed.) *Psychological scientific perspectives on out-of-body and near-death experiences*, Book Series: Psychology Research Progress, pp. 187–203 (Nova Science, New York, 2009).

Personality and Social Psychology, Vol. 54, No. 5, pp. 768–77.

＊17 Kraft, T. L. & Pressman, S. D. (2012), 'Grin and Bear It: The Influence of Manipulated Facial Expression on the Stress Response', *Psychological Science*, Vol. 23, No. 11, pp. 1372–8.

第7章　サボりのススメ

＊1 Baird, B., Smallwood, J., Mrazek, M. D., Kam, J. W. Y., Franklin, M. S. & Schooler, J. W. (2012), 'Inspired by Distraction: Mind Wandering Facilitates Creative Incubation', *Psychological Science*, Vol. 23, No. 10, pp. 1117–22.

＊2 Vohs, K. D., Redden, J. P., & Rahinel, R. (2013), 'Physical Order Produces Healthy Choices, Generosity, and Conventionality, Whereas Disorder Produces Creativity', *Psychological Science*, Vol. 24,Issue 9, pp. 1860-7.

＊3 Scholey, A., Haskell, C., Robertson, B., Kennedy, D., Milne, A. & Wetherell, M. (2009), 'Chewing gum alleviates negative mood and reduces cortisol during acute laboratory psychological stress', *Physiology & Behavior*, Vol. 97, Issues 3-4, pp. 304–12.

＊4 Torney, L. K., Johnson, A. J. & Miles, C. (2009), 'Chewing gum and impasse-induced self-reported stress', *Appetite*, Vol. 53, Issue 3, pp. 414-17.

＊5 Allen, A. P. & Smith, A. P. (2011), 'A Review of the Evidence that Chewing Gum Affects Stress, Alertness and Cognition', *Journal of Behavioral and Neuroscience Research*, Vol. 9, Issue 1, pp. 7-23.

＊6 Andrade, J. (2010), 'What Does Doodling do?' *Applied Cognitive Psychology*, Vol. 24, Issue 1, pp. 100–6.

＊7 Goldberg, Y. K., Eastwood, J. D., LaGuardia, J. & Danckert, J. (2011), 'Boredom: An Emotional Experience Distinct from Apathy, Anhedonia, or Depression', *Journal of Social & Clinical Psychology*, Vol. 30, No. 6, pp. 647–66.

＊8 Gilliam, C. R. (2013), 'Existential boredom re-examined: Boredom as authenticity and life-affirmation', *Existential Analysis*, Vol. 24, Issue 2, pp. 250–62.

＊9 Harris, M. B. (2000), 'Correlates and Characteristics of Boredom Proneness and Boredom', *Journal of Applied Social Psychology*, Vol. 30, Issue 3, pp. 576–98.

＊10 Merrifield, C. & Danckert, J. (2014), 'Characterizing the psychophysiological signature of boredom', *Experimental Brain Research*, Vol. 232, Issue 2, pp. 481-91.

＊11 Gasper, K. & Middlewood, B. L. (2014), 'Approaching novel thoughts: Understanding

The rise and fall of anxiety is moderated by alexithymia', *Journal of Sport & Exercise Psychology*, Vol. 30, Issue 3, pp. 424–33.

* 4 Yiannakis, A. (1975), 'Birth Order and Preference for Dangerous Sports Among Males', *Research Quarterly*, Vol. 47, Issue 1, pp. 62–7.

* 5 Seff, M. A., Gecas, V. & Frey, J. H. (1993), 'Birth Order, Self-Concept, and Participation in Dangerous Sports, *The Journal of Psychology: Interdisciplinary and Applied*, Vol. 127, Issue 2, pp. 221–32.

* 6 Sulloway, F. J., & Zweigenhaft, R. L. (2010), 'Birth order and risk taking in athletics: A meta-analysis and study of major league baseball', *Personality and Social Psychology Review*, Vol. 14, No. 4, pp. 402–16.

* 7 Thompson, L. A., Williams, K. L., L'Esperance, P. R. & Cornelius, J. (2001), 'Context-Dependent Memory Under Stressful Conditions: The Case of Skydiving', *Human Factors*, Vol. 43, Issue 4, pp. 611–19.

* 8 Leach, J. & Griffith, R. (2008), 'Restrictions in working memory capacity during parachuting: a possible cause of 'no pull' fatalities', *Applied Cognitive Psychology*, Vol. 22, Issue 2, pp. 147–57.

* 9 Yonelinas A. P., Parks C. M., Koen J. D., Jorgenson J. & Mendoza S. P. (2011), 'The effects of post-encoding stress on recognition memory: examining the impact of skydiving in young men and women', *Stress*, Vol. 14, Issue 2, pp. 136–44.

* 10 Stetson C., Fiesta M. P. & Eagleman D. M. (2007), 'Does Time Really Slow Down During a Frightening Event?', *PLOS ONE* , Vol. 2, Issue 12, e1295.

* 11 Middleton, W. (1996), 'Give 'em enough rope: Perception of health and safety risks in bungee jumpers', *Journal of Social & Clinical Psychology*, Vol. 15, No. 1, pp. 68–79.

* 12 Hennig, J., Laschefski, U., & Opper, C. (1994), 'Biopsychological changes after bungee jumping: beta-endorphin immunoreactivity as a mediator of euphoria?', *Neuropsychobiology*, Vol. 29, Issue 1, pp. 28–32.

* 13 Selye, Hans. *The Stress of Life*, Revised Edition (McGraw-Hill, New York, 1978).

* 14 Pringle S. D., Macfarlane, P. W. & Cobbe, S. M. (1989), 'Response of heart rate to a roller coaster ride', *British Medical Journal*, Vol. 299, p. 1575.

* 15 Rietveld, S. & van Beest, I. (2006), 'Rollercoaster asthma: When positive emotional stress interferes with dyspnea perception', *Behaviour Research and Therapy*, Vol. 45, pp. 977–87.

* 16 Strack, F., Martin, L. L. & Stepper, S. (1988), 'Inhibiting and facilitating conditions of the human smile: A nonobtrusive test of the facial feedback hypothesis', *Journal of*

＊11 Bajoghli, H., Keshavarzi, Z., Mohammadi, M.-R., Schmidt, N. B., Norton, P. J., Holsboer-Trachsler, E. & Brand, S. (2014), 'I love you more than I can stand! – Romantic love, symptoms of depression and anxiety, and sleep complaints are related among young adults', *International Journal of Psychiatry In Clinical Practice*, Vol. 18, No. 3, pp. 169–74.

＊12 Wilson, F. (2014), 'Romantic relationships at work: Why love can hurt', *International Journal of Management Reviews*, Vol. 17, Issue 1, pp. 1–19.

＊13 Fisher, A. D., Bandini, E., Corona, G., Monami, M., Cameron Smith, M., Melani, C., Balzi, D., Forti, G., Mannucci, E. & Maggi, M. (2012), 'Stable extramarital affairs are breaking the heart', *International Journal of Andrology*, Vol. 35, Issue 1, pp. 11–17.

＊14 Rauer, A. J., Sabey, A. & Jensen, J. F. (2014), 'Growing old together: Compassionate love and health in older adulthood', *Journal of Social and Personal Relationships*, Vol. 31, No. 5, pp. 677–96.

＊15 Anon, 'How to Avoid Falling in Love'. Retrieved 4 February 2015. From: www.wikihow.com/Avoid-Falling-in-Love

＊16 Stanton, S. E., Campbell, L. & Loving, T. J. (2014), 'Energized by love: Thinking about romantic relationships increases positive affect and blood glucose levels', *Psychophysiology*, Vol. 51, Issue 10, pp. 990-5.

＊17 Emanuele, E., Politi, P., Bianchi, M., Minoretti, P., Bertona, M. & Geroldi, D. (2006), 'Raised plasma nerve growth factor levels associated with early-stage romantic love', *Psychoneuroendocrinology*, Vol. 31, Issue 3, pp. 288–94.

＊18 Chan, K. Q., Tong, E. M., Tan, D. H. & Koh, A. H. Q. (2013), 'What do love and jealousy taste like?', *Emotion*, Vol. 13, Issue 6, pp. 1142-9.

＊19 Willi, J. (1997), 'The significance of romantic love for marriage', *Family Process*, Vol. 36, Issue 2, pp. 171–82.

第6章　もっとストレスを！

＊1 Hardie-Bick, J. (2011), 'Skydiving and the metaphorical edge' In: Hobbs, Dick (ed.), *SAGE Benchmarks in Social Research Methods: Ethnography in context*, Vol. 3. (Sage, London, 2011).

＊2 Ibid.

＊3 Woodman, T., Cazenave, N. & Le Scanff, C. (2008), 'Skydiving as emotion regulation:

＊15 He, J., Becic, E., Lee, Y. C. & McCarley, J. S. (2011), 'Mind Wandering Behind the Wheel: Performance and Oculomotor Correlates', *Human Factors*, Vol. 53, Issue 1, pp. 13–21.

＊16 Chen, C. F. & Chen, C. W. (2011), 'Speeding for fun? Exploring the speeding behavior of riders of heavy motorcycles using the theory of planned behavior and psychological flow theory', *Accident Analysis and Prevention*, Vol. 43, pp. 983–90.

第5章　恋をしましょう

＊1 Henard, D. H. & Rossetti, C. L. (2014), 'All you need is love? Communication insights from pop music's number-one hits', *Journal of Advertising Research*, Vol. 54, No. 2, pp. 178–91.

＊2 Jankowiak, W. R. & Fischer, E. F. (1992), 'A Cross-Cultural Perspective on Romantic Love', *Ethnology*, Vol.31, No. 2, pp. 149–55.

＊3 Hatfield, E. & Sprecher, S. (1986), 'Measuring passionate love in intimate relationships,' *Journal of Adolescence*, Vol. 9, pp. 383–410.

＊4 Wang, A . Y. & Nguyen, H. T. (1995), 'Passionate love and anxiety: A cross-generational study', *Journal of Social Psychology*, Vol. 135, Issue 4, pp. 459–70.

＊5 Schachter S. & Singer, J. E. (1962), 'Cognitive, social, and physiological determinants of emotional state', *Psychological Review*, Vol. 69, Issue 5, pp. 379-99.

＊6 Dutton, D. G. & Aron, A. P. (1974), 'Some evidence for heightened sexual attraction under conditions of high anxiety', *Journal of Personality and Social Psychology*, Vol. 30, No. 4, pp. 510–17.

＊7 Peskin, M. & Newell, F. N. (2004), 'Familiarity breeds attraction: Effects of exposure on the attractiveness of typical and distinctive faces', *Perception*, Vol. 33, Issue 2, pp. 147–57.

＊8 Ibid.

＊9 Verrier, D. B. (2012), 'Evidence for the influence of the mere-exposure effect on voting in the Eurovision Song Contest', *Judgment and Decision Making*, Vol. 7, No. 5, pp. 639–43.

＊10 Aron, A ., Fisher, H., Mashek, D. J., Strong, G., Li, H. & Brown, L. L. (2005), 'Reward, Motivation, and Emotion Systems Associated With Early-Stage Intense Romantic Love', *Journal of Neurophysiology*, Vol. 94, Issue 1, pp. 327–37.

第4章　アクセルを踏みこめ！

＊1 ROSPA . 'A history of road safety campaigns'. Downloaded 2 February 2015. From: www.rospa.com/rospaweb/docs/adviceservices/road-safety/history-road-safety-campaigns.pdf

＊2 Fourie, M., Walton, D. & Thomas, J. A. (2011), 'Naturalistic observation of drivers' hands, speed and headway', *Transportation Research* Part F, Vol. 14, pp. 413–21.

＊3 Taylor, M. C., Lynam, D. A. & Baruya, A. (2000), 'The effects of drivers' speed on the frequency of road accidents', *TRL Report*, 421. Bracknell: Transport Research Laboratory.

＊4 Blincoe, K. M., Jones, A. P, Sauerzapf, V. & Haynes, R. (2006), 'Speeding drivers' attitudes and perceptions of speed cameras in rural England', *Accident Analysis and Prevention*, Vol. 38, pp. 371–8.

＊5 Krikler, B. (1965), 'A preliminary psychological assessment of the skills of motor racing drivers', *The British Journal of Psychiatry*, Vol. 111, Issue 471, pp. 192–4.

＊6 Edwards, Robert, *Stirling Moss: The Authorised Biography* (Orion, London, 2001).

＊7 Land, M. F. & Tatler, B. W. (2001), 'Steering with the head: The visual strategy of a racing driver', *Current Biology*, Vol. 11, Issue 15, pp. 1215–20.

＊8 Williams, A. F. & O'Neill, B. (1974), 'On-the-road driving records of licensed race drivers', *Accident Analysis & Prevention*, Vol 6, pp. 263–70.

＊9 Taylor, M. C., Lynam, D. A. & Baruya, A. (2000), 'The effects of drivers' speed on the frequency of road accidents', *TRL Report*, 421. Bracknell: Transport Research Laboratory.

＊10 Hole, Graham J., *The Psychology of Driving* (Lawrence Erlbaum Associates, New Jersey, 2007).

＊11 Roberti, J. W. (2004), 'A review of behavioral and biological correlates of sensation seeking', *Journal of Research in Personality*, Vol. 38, pp. 256–79.

＊12 Csikszentmihalyi, M. & LeFevre, J. (1989), 'Optimal experience in work and leisure', *Journal of Personality and Social Psychology*, Vol. 56, Issue 5, pp. 815–22.

＊13 Csikszentmihalyi, Mihaly, *Flow: The Psychology of Happiness: The Classic Work on How to Achieve Happiness*, (Rider, London, 2002).

＊14 Csikszentmihalyi, M. & LeFevre, J. (1989), 'Optimal experience in work and leisure', *Journal of Personality and Social Psychology*, Vol. 56, Issue 5, pp. 815–22.

* 7 Jay, K. L. & Jay, T. B. (2015), 'Taboo word fluency and knowledge of slurs and general pejoratives: Deconstructing the poverty-of-vocabulary myth', *Language Sciences*.

* 8 Ibid.

* 9 Bowers, J. S. & Pleydell-Pearce, C.W. (2011), 'Swearing, Euphemisms, and Linguistic Relativity', *PLOS ONE*, Vol. 6, Issue 7.

* 10 Jay, T., Caldwell-Harris, C. & King, K. (2008), 'Recalling taboo and nontaboo words', *American Journal of Psychology*, Vol. 121, No. 1, pp. 83–103.

* 11 LaBar, K. S. & Phelps, E. A. (1998), 'Arousal-mediated memory consolidation: Role of the medial temporal lobe in humans', *Psychological Science*, Vol. 9, No. 6, pp. 490–3.

* 12 Van Lancker, D. & Cummings, J. L. (1999), 'Expletives: neurolinguistic and neurobehavioral perspectives on swearing', *Brain Research Reviews*, Vol. 31, pp. 83–104.

* 13 Scherer, C. R. & Sagarin, B. J. (2006), 'Indecent influence: The positive effects of obscenity on persuasion', *Social Influence*, Vol. 1, Issue 2, pp. 138–46.

* 14 Stephens, R., Atkins, J. & Kingston, A. (2009), 'Swearing as a response to pain', *NeuroReport*, Vol. 20, Issue 12, pp. 1056–60.

* 15 Stephens, R. & Umland, C. (2011), 'Swearing as a response to pain – effect of daily swearing frequency', *Journal of Pain*, Vol. 12, Issue 12, pp. 1274–81.

* 16 Stephens, R. & Allsop, C. (2012), 'Does state aggression increase pain tolerance?', *Psychological Reports*, Vol. 111, Issue 1, pp. 311–21.

* 17 Ringman, J. M., Kwon, E., Flores, D. L., Rotko, C., Mendez, M. F. & Lu, P. (2010), 'The Use of Profanity During Letter Fluency Tasks in Frontotemporal Dementia and Alzheimer's Disease', *Cognitive & Behavioral Neurology*,Vol. 23, Issue 3, pp. 159–64.

* 18 Daly, N., Holmes, J., Newton, J. & Stubbe, M. (2004), 'Expletives as solidarity signals in FTA s on the factory floor', *Journal of Pragmatics*, Vol. 36, pp. 945–64.

* 19 Jay, T. (2009), 'Do offensive words harm people?', *Psychology, Public Policy, and Law*, Vol. 15, Issue 2, pp. 81–101.

* 20 Wardrop, M. (2011), 'Swearing at police is not a crime, judge rules'. *The Daily Telegraph*, 21 Nov 2011. Downloaded 3 February 2012. From: www.telegraph.co.uk/news/uknews/law-and-order/8902770/Swearing-at-police-is-not-a-crimejudge-rules.html

* 21 Dooling, Richard, *Blue streak: Swearing, free speech and sexual harassment* (Random House, New York, 1996).

5-hydroxytryptophol as biochemical markers of recent drinking in the hangover state', *Alcohol & Alcoholism*, Vol. 33, Issue 4, pp. 431–8.

＊16 Hesse, M. & Tutenges, S. (2010), 'Predictors of hangover during a week of heavy drinking on holiday', *Addiction*, Vol. 105, Issue 3, pp. 476–83.

＊17 Epler, A. J., Tomko, R.L., Piasecki, T.M., Wood, P.K., Sher, K.J., Shiffman, S. & Heath, A. C. (2014), 'Does Hangover Influence the Time to Next Drink? An investigation using ecological momentary assessment', *Alcoholism: Clinical and Experimental Research*, Vol. 38, Issue 5, pp. 1461–9.

＊18 Smith, C., Bookner, S. & Dreher, F. (1988), 'Effects of alcohol intoxication and hangovers on subsequent drinking', *Problems of Drug Dependence 1988: Proceedings of the 50th Annual Scientific Meeting'* (NIDA , Harris, L. S., ed.), p 366.

＊19 Tolstrup, J., Stephens, R. & Grønbæk, M. (2014), 'Does the severity of hangovers decline with age? Survey of the incidence of severe hangover in different age groups', *Alcoholism: Clinical and Experimental Research*, Vol. 38, Issue 2, pp. 466-70.

＊20 Howland, J., Rohsenow D. J. & Edwards, E. M. (2008), 'Are Some Drinkers Resistant to Hangover? A Literature Review', *Current Drug Abuse Reviews*, Vol. 1, Issue 1, pp. 42–6.

第3章　チョー気持ちいい

＊1 Telegraph, The Daily (2008), 'Bryony Shaw prompts BBC, apology by swearing after Olympic windsurfing bronze,' *The Daily Telegraph*, 20 Aug 2008. Downloaded 10 February 2012. From: www.telegraph.co.uk/sport/olympics/2589960/Bryony-Shaw-prompts-BBC-apology-by-swearing-after-Olympic-windsurfing-bronze.html

＊2 Hughes, Geoffrey, *Swearing: A Social History of Foul Language, Oaths and Profanity in English*. 2nd Revised Edition. (Penguin, London, 1998).

＊3 Ibid.

＊4 Ross, H. E. (1960), 'Patterns of Swearing', *Discovery*, Vol. 21, pp. 479–81.

＊5 Allan, K. & Burridge, K. (2009), 'Swearing', in *Comparative Studies in Australian and New Zealand English: Grammar and Beyond*, eds Pam Peters, Peter Collins, Adam Smith (John Benjamins, Amsterdam), pp. 361–86.

＊6 McEnery, A. & Xiao, Z. (2004), 'Swearing in modern British English: the case of *fuck* in the BNC', *Language and Literature*, Vol. 13, Issue 3, pp. 235–68.

niaaa.nih.gov/publications/aa30.htm

＊3 NIH (2013), 'Alcohol Use Disorder: A Comparison Between DSM–IV and DSM–5', *NIH Publication*, No. 13–7999. From: http://pubs.niaaa.nih.gov/publications/dsmfactsheet/dsmfact.htm

＊4 Grohol, J. M. (2015), 'DSM-5 changes: Addiction, substancerelated disorders & alcoholism'. From: http://pro.psychcentral.com/dsm-5-changes-addiction-substance-related-disordersalcoholism/004370.html#

＊5 Alexander, B. K., Coambs, R. B & Hadaway, P. F. (1978), 'The effect of housing and gender on morphine self-administration in rats. *Psychopharmacology*, Vol. 58, pp. 175–9.

＊6 Britton, A. & Marmot, M. (2004), 'Different measures of alcohol consumption and risk of coronary heart disease and all-cause mortality: 11-year follow-up of the Whitehall II Cohort Study', *Addiction*, Vol. 99, Issue 1, pp. 109-116.

＊7 Gea et al (2013), 'Alcohol intake, wine consumption and the development of depression: the PREDIMED study', *BMC Medicine*, 2013, Vol. 11, pp. 192.

＊8 WHO (2012), 'European action plan to reduce the harmful use of alcohol 2012–2020', Copenhagen: WHO Regional Office for Europe.

＊9 Frick, T. (1984), 'Interviews: J. G. Ballard, The Art of Fiction No. 85'. From: www.theparisreview.org/interviews/2929/the-art-of-fiction-no-85-j-g-ballard

＊10 Jarosz, A. F., Colflesh, G. J. & Wiley, J. (2012), 'Uncorking the muse: alcohol intoxication facilitates creative problem solving', *Consciousness and cognition*, Vol. 21, Issue 1, pp. 487–93.

＊11 McGovern, Patrick E., *Uncorking the past: The quest for wine, beer and other alcoholic beverages* (University of California Press, Berkeley, 2009).

＊12 Fairbairn, C. E., Sayette, M. A., Aalen, O. O. & Frigessi, A. (2014), 'Alcohol and Emotional Contagion: An Examination of the Spreading of Smiles in Male and Female Drinking Groups', *Clinical Psychological Science*.

＊13 Jones, B. T., Jones, B.C., Thomas, A. P. & Piper, J. (2003), 'Alcohol consumption increases attractiveness ratings of opposite-sex faces: a possible third route to risky sex', *Addiction*, Vol. 98, Issue 8, pp. 1069–75.

＊14 Bègue, L., Bushman, B. J., Zerhouni, O., Subra, B. & Ourabah, M. (2013), 'Beauty is in the eye of the beer holder: People who think they are drunk also think they are attractive', *British Journal of Psychology*, Vol. 104, Issue 2, pp. 225–34.

＊15 Bendtsen, P., Jones, A.W. & Helander, A. (1998), 'Urinary excretion of methanol and *ology & Behavior*, Vol. 106, Issue 5, pp. 626–30.

* 12 Leuner, B., Glasper, E. R.& Gould, E. (2010), 'Sexual Experience Promotes Adult Neurogenesis in the Hippocampus Despite an Initial Elevation in Stress Hormones', *PLOS ONE*, Vol. 5, Issue 7.

* 13 Brody, S. (2006), 'Blood pressure reactivity to stress is better for people who recently had penile-vaginal intercourse than for people who had other or no sexual activity', *Biological Psychology*, Vol. 71, Issue 2, pp. 214–22.

* 14 Hill, R. A. & Barton, R. A. (2005), 'Red enhances human performance in contests', *Nature*, Vol. 435, p. 293.

* 15 Johns, S. E., Hargrave,L. A & Newton-Fisher, N. E. (2012), 'Red Is Not a Proxy Signal for Female Genitalia in Humans', *PLOS ONE*, Vol. 7, Issue 4.

* 16 Laier, C., Pawlikowski, M. & Brand, M. (2014), 'Sexual Picture Processing Interferes with Decision-Making Under Ambiguity', *Archives of Sexual Behavior*, Vol. 43, Issue 3, pp. 473–82.

* 17 Festjens, A., Bruyneel, S. & Dewitte, S. (2014), 'What a feeling! Touching sexually laden stimuli makes women seek rewards', *Journal of Consumer Psychology*, Vol. 24, Issue 3, pp. 387–93.

* 18 Struckman-Johnson, C., Gaster, S. & Struckman-Johnson, D. (2014), 'A preliminary study of sexual activity as a distraction for young drivers, *Accident Analysis & Prevention*, Vol. 71, pp. 120–8.

【その他参照先】

www.liverpoolecho.co.uk/sport/football/footballnews/50-years-on-liverpool-became-8167793
www.beautifulagony.com
www.vulvavelvet.org

第2章 酒は飲め飲め

* 1 Pain, S. (2008), 'When doctors battled for medical beer', *New Scientist*, Issue 2680. From: www.newscientist.com/article/mg20026801.900-when-doctors-battled-for-medicalbeer.html

* 2 National Institute on Alcohol Abuse and Alcoholism (1995), 'Diagnostic Criteria for Alcohol Abuse and Dependence', *Alcohol Alert*, No. 30, PH 359. From: http://pubs.

原註

第 1 章 相手かまわず

＊1 Klotz, L. (2005), 'How (not) to communicate new scientific information: a memoir of the famous Brindley lecture', *BJU International*, Vol. 96, Issue 7, pp. 956–7.

＊2 Arnow, B. A., Desmond, J. E., Banner, L. L., Glover, G. H. et al (2002), 'Brain activation and sexual arousal in healthy, heterosexual males', *Brain*, Vol. 125, pp. 1014–23.

＊3 McLean, J., Brennan, D., Wyper, D., Condon, B., Hadley, D. & Cavanagh, J. (2009), 'Localisation of regions of intense pleasure response evoked by soccer goals', Psychiatry *Research-Neuroimaging*, Vol. 171, Issue 1, pp. 33–43.

＊4 Georgiadis, J. R., Reinders, A. A., Paans, A. M., Renken, R. & Kortekaas, R. (2009), 'Men versus women on sexual brain function: prominent differences during tactile genital stimulation, but not during orgasm', *Human Brain Mapping*, Vol. 30, Issue 10, pp. 3089–101.

＊5 Gray, John, *Men Are from Mars, Women Are from Venus* (HarperCollins, New York, 1992). [『ベスト・パートナーになるために——男は火星から、女は金星からやってきた 新装版』大島渚訳、三笠書房、2013 年]

＊6 Fernández-Dols, J-M., Carrera, P. & Crivelli, C. (2011), 'Facial Behavior While Experiencing Sexual Excitement', *Journal of Nonverbal Behavior,* Vol. 35, Issue 1, pp. 63–71.

＊7 Whipple, B. & Komisaruk, B. R. (1985), 'Elevation of pain threshold by vaginal stimulation in women', *Pain*, Vol. 21, Issue 4, pp. 357–67.

＊8 Franklin, A. M., Squires, Z. E. & Stuart-Fox, D. (2012), 'The energetic cost of mating in a promiscuous cephalopod', *Biology Letters*, Vol. 8, Issue 5, pp. 754–6.

＊9 Wilson, J. R., Kuehn, R. E. & Beach, F. A. (1963), 'Modification in the sexual behavior of male rats produced by changing the stimulus female', *Journal of Comparative and Physiological Psychology*, Vol. 56, Issue 3, pp. 636–44.

＊10 Lester, G. L. L. & Gorzalka, B. B. (1988), 'Effect of novel and familiar mating partners on the duration of sexual receptivity in the female hamster', *Behavioral and Neural Biology*, Vol. 49, Issue 3, pp. 398–405.

＊11 Tlachi-López, J. L., Eguibar, J. R., Fernandez-Guasti, A. & Lucio, R. A. (2012), 'Copulation and ejaculation in male rats under sexual satiety and the Coolidge effect', *Physi-*

【著者】リチャード・スティーヴンズ（Richard Stephens）
イギリスのキール大学心理学上級講師。2010年に「悪態をつくことにより苦痛を緩和する」研究でイグ・ノーベル賞を受賞。その他二日酔いについてなど、ユニークな研究を発表している。2014年、ウェルカム・トラスト財団のサイエンス・ライティング賞を受賞。

【訳者】藤井留美（ふじい・るみ）
翻訳家。訳書にガザニガ『〈わたし〉はどこにあるのか』（紀伊國屋書店）、カーター『新・脳と心の地形図』（原書房）、ダンバー『友達の数は何人？』（インターシフト）、ピーズ『話を聞かない男、地図を読めない女』（主婦の友社）ほか多数。

悪癖の科学　その隠れた効用をめぐる実験

2016年　9月16日　第1刷発行
2020年　9月16日　第6刷発行

発行所　株式会社 紀伊國屋書店
東京都新宿区新宿3-17-7

出版部（編集）　電話03-6910-0508
ホールセール部（営業）　電話03-6910-0519
〒153-8504　東京都目黒区下目黒3-7-10

装幀・組版　後田泰輔（desmo）
装画　髙柳浩太郎
印刷・製本　中央精版印刷

ISBN978-4-314-01141-9 C0040 Printed in Japan

定価は外装に表示してあります